高等院校"十二五"应用型艺术设计教育系列规划教材

普通高等学校"十二五"省级规划教材

U0038761

网页动画设计

主　编　韦艳丽

副主编　周莉莉　殷晓晨　束晓永　魏三强

合肥工业大学出版社

内容简介

本书理论和实践相结合，系统阐述了网页动画设计的理论知识，归纳讲解了网页动画常用的动画形式以及动画声音的处理，并通过实例讲解了网页动画合成设计的过程。

全书共6章，第1章是网页动画设计概论，概述网页动画设计；第2章是网页动画设计软件，基本介绍了网页动画设计常用的软件；第3章是网页动画的形式，系统归纳讲解了网页动画常用的动画形式；第4章是网页动画的声音处理，讲解音频文件的处理以及如何在动画中添加音效；第5章是网页动画合成设计，分析了网页动画整合设计的方法和流程，并通过实例讲解其合成设计的过程；第6章是网页动画的测试与发布，介绍了基于网络环境下的动画发布设置。

为了便于深入学习和理解书中内容，本书在各章节后都附有习题。随书附赠的光盘主要包括与书中实例配套的素材和原文件，既可作为学习研究之用，也可作为设计欣赏和资料应用。

本书可作为高等院校设计艺术学专业、工业设计专业、计算机专业或其他相关专业的网页动画设计教材，亦可作为培训班教材或相关领域人员的参考书。

图书在版编目(CIP)数据

网页动画设计/韦艳丽主编 . —合肥:合肥工业大学出版社,2016.3
ISBN 978 - 7 - 5650 - 2703 - 1

Ⅰ.①网…　Ⅱ.①韦…　Ⅲ.①网页—动画制作软件　Ⅳ.①TP391.41

中国版本图书馆 CIP 数据核字(2016)第 061570 号

网页动画设计

韦艳丽　主编　　　　　　　　　　责任编辑　王　磊

出　版	合肥工业大学出版社		版　次	2016 年 3 月第 1 版	
地　址	合肥市屯溪路 193 号		印　次	2016 年 7 月第 1 次印刷	
邮　编	230009		开　本	889 毫米×1194 毫米　1/16	
电　话	艺术编辑部:0551 - 62903120		印　张	6.25	
	市场营销部:0551 - 62903198		字　数	210 千字	
网　址	www.hfutpress.com.cn		印　刷	安徽联众印刷有限公司	
E-mail	hfutpress@163.com		发　行	全国新华书店	

ISBN 978 - 7 - 5650 - 2703 - 1　　　　　　　　　　定价:45.00 元

　　19 世纪是铁路的时代，20 世纪是高速公路的时代，21 世纪是一个网络的时代。网页已经成为人们传递信息和交流的重要形式之一。动画因其直观、生动、信息含量大且艺术感染力强，被广泛应用于互联网。动画使网页更加生动有活力，成为网站页面构成的重要组成部分，其较强的视觉冲击力不仅丰富了网页视觉效果，更日益成为网页信息传达的重要形式，甚至在网络上流传的动画短片，已经成为一种网络文化。

　　网页动画的设计过程，是将文字、图形、图像、色彩和声音等媒体信息进行合成的过程。在设计中，不仅要掌握一些软件的使用，更重要的是要了解网页动画设计的特点，常用的动画形式以及设计的方法和流程。本书理论和实践相结合，系统阐述了网页动画设计的理论知识，归纳讲解了网页动画常用的动画形式，对于网页动画的合成设计提出"从后向前"做的设计方法，并通过实例讲解了合成设计的过程。

　　本书精选了网页动画设计软件重要的操作技能和的典型实例，以生动真实的屏幕示图，详解了实际操作步骤。参照实例操作边学边练，以达到学以致用、举一反三之功效。通过设计方法的学习培养自学的能力，学会网页动画的整合设计。

　　本书由合肥工业大学韦艳丽主编，周莉莉、殷晓晨、束晓永和魏三强参与部分章节的编写与修订，曹中陆、赵腾亚和杨亚荣三位研究生参与教材收集与整理工作。在编写、出版过程中，承蒙合肥工业大学出版社的大力支持和热情帮助，谨在此表示衷心的感谢。

　　由于时间仓促，书中难免有疏漏不妥之处，恳请广大读者不吝批评指正。

韦艳丽

2016 年 5 月

第1章　网页动画设计概论

学习目标与要求

◆ 通过本章的学习，了解网页动画的概念、类型、特点和发展的历史背景及应用的前景，使对网页动画有个感性的认识，产生设计的兴趣。

学习重点

◆ 领会网页动画与其他形式的动画的区别，除了具有动画的性质，而且最大的特点是能适应当前的网络环境，体积小，并且具有一定的交互性。

学习难点

◆ 通过分析网页上的各种动画，了解表现的形式与手法，提高分析能力和创意思维能力。

动画是多学科交叉，科学与艺术融合的产物，其渊源可以追溯到远古的石器时代，目前已经广泛应用于各个领域，成为一种文化创意产业。随着社会和经济的进步，互联网在迅猛发展，已经成为人们信息传递和交流的重要形式之一。现代社会是一个读图的时代，经济的飞速发展使得社会生活的节奏加快，文字与语言表达方式已不能满足信息的传递需求，人们对信息的获取呈现出了多样性的特点，而动画在传递信息上具有特别的优势，动画直观、生动、信息含量大并且艺术感染力强，可用极短的时间传递出丰富的内容，所以被广泛应用于互联网。动画在互联网上的应用，使网页更加生动有活力，是构成网页主体内容的成分之一，无数的网络广告，都是由动画来传递的，通过动画可以引导网页的浏览操作，在网络上广为流传的动画片，已经成为一种网络文化。

网页动画设计需要大量对信息的组织，对技术的掌握、理解、运用，设计师不应该简单地将动画设计搬到网页上，而要认真学习网页动画设计所具有的特点，以及由此所引发不同的思维方式、阅读方式，充分发挥网上世界的传播力量。

1.1　网页动画的概念

1. 动画

　　动画是通过连续播放一系列连续画面而形成动感的视觉映像。动画一词来源于英文中的"animation"，其含义是"赋予生命"，对图画而言，就是让静止的东西活动起来，从而赋予生命。据研究，人类具有"视觉暂留"的特性，就是说人的眼睛看到一幅画或一个物体后，在 1/24 秒内不会消失。利用这一原理，在一幅画还没有消失前播放出下一幅画，就会给人造成一种流畅的视觉变化效果。

　　动画的生命来自大量的画面，让众多绘有连续动作的画面有序地播放出来，借助人眼的视觉暂留特性，从而使人们得到亦真亦幻的动态艺术感受。如图 1-1 的一组画面是一个动画片段，表现的是牛在用蹄子刨地的过程。仔细观察各个画面，可以看到牛的前蹄在每幅画面都有不同的变化，连续观看这些各不相同的画面，就能产生牛刨地的动态视觉效果。

图 1-1　牛刨地的动画

2. 动画的类型

　　动画的类型有很多种，可以从不同角度去划分。从制作技术和手段来看，动画可以分为以手工绘制的传统动画和以计算机制作的计算机动画；从空间的视觉效果来分，动画可以分为二维动画和三维动画。

　　二维动画又叫"平面动画"，是通过计算机制作的具有两维平面动态图形效果的动画形式。二维动画具有非常灵活的表现手段、强烈的表现力和良好的视觉效果。如图 1-2 和图 1-3，动画片《哆啦 A 梦》和《米老鼠和唐老鸭》是用二维动画形式表现的。

　　三维动画又叫作"空间动画"，是利用计算机制作的具有三维立体形象和运动效果的动画形式。三维动画具有很强的立体真实感，在很多领域被用于仿真效果的处理。如图 1-4 和图 1-5，动画片《变形金刚》和《冰河世纪》是用三维动画形式表现的。

　　随着计算机技术的发展，动画的应用范围不断扩大，已经广泛应用于电影、电视、网络和通信等领域。

图 1-2 动画片《哆啦 A 梦》

图 1-3 动画片《米老鼠和唐老鸭》

图 1-4 动画片《变形金刚》

图 1-5 动画片《冰河世纪》

3. 网页动画

网页动画是动画与互联网结合的产物，是指在互联网上被使用和播放的动画。动画在互联网上的应用，使网页生动有趣和富有活力，能够达到吸引眼球和引导页面浏览操作的目的。如图 1-6 为搜狐网站上的一个广告动画，这种类型的广告已经成为现代商业广告的重要形式之一；图 1-7 为可口可乐中国网站片头动画，通过生动精彩的动画形式，来传达企业形象，表现企业理念。

图 1-6 网页广告动画

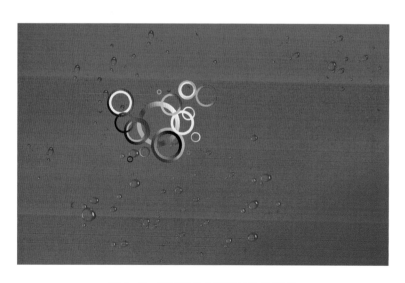

图 1-7 可口可乐中国网站片头动画

通过互联网发布和播放的动画片，深受很多人的喜爱，形成现代的网络动画小品文化。如图 1-8 为一个制作精细表现丰富的网络动画 MTV《新长征路上的摇滚》，图 1-9 为网络上流行的动画片《流氓兔》。随着科技的发展和进步，这种动画已经不局限于互联网的传播，已经延伸到电视、手机和娱乐产品等其他媒介中。

图 1-8　网络动画 MTV《新长征路上的摇滚》

图 1-9　网络动画片《流氓兔》

1.2　网页动画的类型

网络上流行的动画形式有两种，一种是 GIF 动画，一种是 Flash 动画。

1. GIF 动画

GIF 全称为 Graphics Interchange Format，意思是图像互换格式，分为静态 GIF 图片和动态 GIF 动画两种。GIF 动画是最早使用于网络上的一种动画形式，是网页上常见的一种动画形式。是将多幅图像保存为一个图像文件，各幅图像依次快速显示，从而形成动画效果。因此 GIF 动画仍然是图片文件格式，这种文件支持透明背景图像，体型很小，适用于多种操作系统，在网络上下载速度很快。如图 1-10 所示，为网络上用于表达情感的 QQ 表情动画，图 1-11 为网站链接图标，都是用 GIF 动画制作的。

图 1-10　QQ 表情 GIF 动画

图 1-11　网站链接 GIF 动画图标

2. Flash 动画

　　Flash 动画是一种矢量图形动画，是指利用 Flash 软件设计、制作和发布的能产生运动、声音和交互的动画。Flash 动画短小精悍，具有表现力强、体积小、兼容性好、互动性强、支持多种音乐格式文件等优点，是目前网络上最流行的一种动画形式。如图 1-12 为网络 Flash 动画《太阳》，图 1-13 为《Zone》网站首页，是用 Flash 交互式动画来实现的。

图 1-12　网络 Flash 动画《太阳》

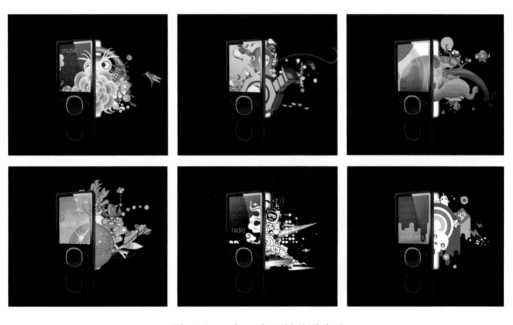

图 1-13　《Zone》网站首页动画

1.3　网页动画的特点

网页动画由于在网络上应用，因此其不仅具有动画本身固有的特点，而且还具有一些特性：

1. 数据量小

GIF 图片动画采用无损压缩存储，在不影响图像质量的情况下，可以生成很小的文件；基于矢量图形的 Flash 动画文件非常小，尺寸可以随意调整缩放，且流式播放技术的应用，使动画文件在全部下载完之前播放已下载的部分，边下载边播放。这些动画在网络上应用，小巧玲珑，下载迅速，使在打开网页很短的时间内就可以播放动画，适应于当前的网络环境。

2. 表现力强

网络动画是基于图形和矢量绘图的动画，在艺术上具有很强的绘画表现力，可以方便地创建角色和背景，表现丰富的影片效果，能够全面反映真实的色彩环境。虽然无法制作大场景和过于精雕细刻的动画，但更适合表现个性化、风格独特的作品。动画题材广泛，创作空间广阔、自由，可以轻松、随意地表达，在有限的时间内表达丰富的感情和复杂的思想。以高度概括的手法表现主题与主要内容，以简洁流畅的镜头表达真切、细腻的情感，以独特的构图和色彩传递情绪，体现个性化的表达。

3. 形式多样

网络动画的选材范围广泛，表现形式多种多样，按影片题材可以分为传统和现代，如图 1－14 和图 1－15 所示；按绘画表现可分为具象写实和抽象概括，如图 1－16 和图 1－17 所示；按动画制作难度可分为简单动画和复杂动画等几种形式。

图 1－14　传统形式的动画

图 1－15　现代形式的动画

图 1 - 16　具象写实形式的动画

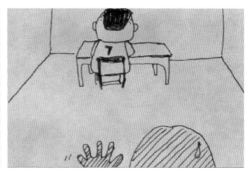

图 1 - 17　抽象概括形式的动画

4. 具有一定的交互性

网络动画与传统动画的区别还在于它的互动性，例如影视动画，人们在观看时，通常是被动地接受，网络动画除了可以被动让人们观看，而且可以参与其中的互动。可以让人们的动作成为动画的一个部分，通过单击、选择等动作决定动画的运行过程和结果，这一点是传统动画所无法比拟的。如图 1 - 18 是带有交互功能的网络游戏动画。

图 1 - 18　网络游戏动画

1.4 网页动画的历史和未来

1. 网页动画的历史

　　动画有着悠久的历史，其发展已近两个世纪。1831 年，法国人约瑟夫·安东尼·普拉特奥在一个可以转动的圆盘上按照顺序画了一些图片，转动圆盘图片便似乎动了起来，形成动的画面，这就是原始动画的雏形。我国古时民间的走马灯和皮影戏，可以说也是动画的一种形式，如图 1-19 所示。然而，真正意义上的动画，是在电影摄影机出现以后才发展起来的。

图 1-19　皮影戏

　　早期的动画需要先绘制所有的画面，然后拍摄每一幅画面，组合后产生动画效果。直至 20 世纪 70 年代后期，计算机技术的迅速发展，美国纽约技术学院的计算机绘图实验室开始将录像带上的舞蹈投摄在计算机显示器上，利用计算机绘图软件记录影像的动作，然后描摹轮廓，这成为最早的计算机动画。

　　1974 年，加拿大艺术家尔德与乔登制作了第一部运用计算机制作的二维动画短片《饥饿》。该片获得当年的奥斯卡奖。至此，计算机动画开始了迅猛的发展。1995 年，迪士尼与 PIXAR 推出了第一部三维动画长片《玩具总动员》，如图 1-20 所示，开始了新的动画形式。

　　随着时代的进步和科技的发展，动画的发展迅速，已经成为一种产业，应用范围和领域不断扩大。动画无论是制作手段或传播形式都已经发生改变。

图 1-20 动画片《玩具总动员》

　　网页动画是动画的一种形式，是伴随着互联网及网页动画技术的发展而产生的，其发展历史不长但速度很快传播面很广。在互联网发展初期，网络上的信息资源很有限，网页上显示的内容都是由代码编写出来的，最初只是显示一些文字，后来增加了色彩和图片，但页面仍然是以静态形式显示，进入大众视野的网页多是平面的、静止的。随着时间的推移，20 世纪 90 年代以后，全球逐渐进入信息化时代，互联网的发展十分迅猛，网络信息量越来越多，需求层次越来越高，对信息形式多样化也越来越渴望，枯燥无味的静态页面不但难以引起兴趣，而且也满足不了对信息的需求，人们已经不能满足于互联网的浏览模式。后来发现，在页面上增加一些动画，页面显示会比较生动，开始尝试性地在页面上添加一些 GIF 动画。随着网络硬件环境的改善和一些设计软件工具的开发，像 Firework、Flash 等软件，无须编写代码直接在软件里就可以设计生成动画，这种动画表现力强，体积小，支持脚本语言编程，在网络上下载速度很快，动画开始频繁出现在网络上，已经成为页面构成的重要组成部分。通过互联网发布和播放的网络动画片，已经成为一种网络文化，并且这种动画形式已经跨越媒体的局限，广泛应用于电影、电视、手机和娱乐游戏等领域。

2. 网络动画的未来

随着时代的进步和科技的发展，动画无论是制作手段或播出形式都已经发生了改变。在制作手段上，计算机逐渐已经成为重要的制作工具，计算机动画正在趋向于规模化、标准化和网络化。由于目前网络环境的限制，在网络上流行的大部分还是以二维矢量动画为主，随着今后网络环境的改善，三维动画的表现技术将会广泛应用于网络上，丰富网络动画的表现。从技术的发展方向来看，体视动画将会是未来动画发展的热点，例如现在通过立体眼镜呈现立体效果的游戏就是体视动画的应用。另一个热点是虚拟现实（VR）技术，与一般的动画相比，VR 的特点在于实时、交互，VR 中的场景会随着参观者的位置、视点变化而实时动态生成，并具有人机交互的能力。这两种技术在网络动画中将大有可为。

随着网络信息技术的发展，特别是电话网、有线电视网、互联网"三网合一"技术的发展，高速、互动、多媒体的宽带网将逐渐成为新闻、信息、娱乐的主流传播媒介。传统媒体和网络媒体将逐渐整合，网络动画的形式将继续向电视、电影、手机、游戏娱乐产品等其他媒介渗透，各种不同的动画表现形式和技术手段也将会应用于网络动画中，网络动画与其他形式的动画，界限将会越来越模糊。

未来网页动画的发展趋势，将综合多种技术与技巧，整合多种编程语言，使用多种图像处理工具。网页动画所涉及的范围也将越来越广泛，包括视觉设计美学、造型原则、人机工程学、哲学、心理学、生理学等领域，亦包括了计算机平面设计与三维图形设计等方面。

作业要求

1. 填空题

（1）动画是通过连续播放_____而形成动感的视觉映像。

（2）动画从空间效果划分可分为两种类型，分别是_____动画和_____动画，又称_____动画和_____动画。

（3）网络上流行的动画形式有两种，一种是_____动画，一种是_____动画。

（4）_____动画，是将多幅图像保存为一个图像文件，各幅图像依次快速显示，从而形成动画效果，是一种图片文件格式。

2. 选择题

（1）网页动画主要包含哪些（　　　）

    A. 网络动画片　　　B. 网络动画 MTV　　　C. 网站片头动画　　　D. 网页广告动画

（2）最早使用于网络上的一种动画形式是（　　　）

    A. Banner 动画　　　B. Flash 动画　　　C. Gif 动画　　　D. 网页动画

（3）Flash 动画的特点是（　　　）

    A. 能够表现三维立体形象的运动效果

    B. 体型很小，适用于多种操作系统，在网络上下载速度很快等

    C. 具有非常灵活的表现手段、强烈的表现力和良好的视觉效果

    D. 表现力强、体积小、兼容性好、互动性强、支持多种音乐格式文件等

（4）网页动画的特点（　　　）

    A. 数据量小　　　B. 表现力强　　　C. 形式多样　　　D. 具有一定的交互性

3. 问答题

（1）什么是 Gif 和 Flash 动画，两者有何区别？

（2）简述网络动画的发展历史。

（3）试述网络动画的发展趋势。

（4）何谓虚拟现实（VR）技术？它与一般动画相比有何优势？

4. 实践题

（1）在网络上收集 Gif 和 Flash 这两种类型的动画，分析它们的特点。

（2）访问五个不同主题的网站，分析动画的主题与网站主题的呼应，并说明通过何种表现法来诠释动画，以达到点亮主题的效果。

（3）寻找不同行业领域的网页动画设计作品实例，用截图的方式找到每个领域中具有典型性作品的实例，并加以分析。

（4）动画赏析：下载一个您自己喜欢的节日为主题制作的动画。

（要求：动画具有一定的艺术风格和创意，含义丰富，比如说向人传达祝福、思念等某种情感，并包含常见的基本的动画制作技术）

第2章　网页动画设计软件

◆ 通过本章的学习，了解网页动画设计的一些常用软件。建立起对 Flash 软件的全面认识，理解 Flash 软件中的基本概念，掌握基本操作方法。根据本章内容，认真学习理解，完成实践操作，熟悉各种快捷键。

学习重点

◆ Flash 绘图工具的使用；帧与关键帧的区别；元件的种类及其特点；库的使用。

学习难点

◆ Flash 各种绘图工具的使用；元件的使用。

2.1　网页动画设计的常用软件

动画增强了网页的视觉表现力，使页面更加活泼，同时也将原来可能需要大量文字才能表达清楚的内容，通过短短的几帧动画简洁明了地表现出来。网页中出现的各种动态效果，一部分是 GIF 和 Flash 动画，还有一部分是用 Java Scipt、CGI、DHTML 等编程语言编写的动态效果。目前常用的网页动画设计软件有 GIF Animator、COOL 3D 和 Flash 等。

1. GIF Animator

GIF Animator 是 Ulead 公司出品的 GIF 动画制作软件。拥有专业的图像编辑工具和强大的动画合并能力，可以将不同的动画文件合并成为单一的动画。内建的 PlugIn 有许多现成的特效可以立即套用，可将 AVI 文件转成动画 GIF 文件，能将动画 GIF 图片最佳化，还能将放在网页上的动画 GIF 图片减肥，以便能够更快地浏览网页，是一款能快捷地设计 GIF 动画的软件。软件界面如图 2 - 1 所示。

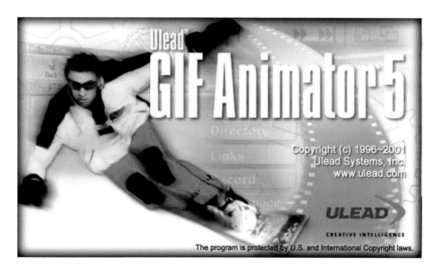

图 2 - 1　GIF Animator 软件界面

2. COOL 3D

　　COOL 3D 是 Ulead 公司出品的一个专门制作文字 3D 效果的软件。利用它可以方便地生成具有各种特殊效果的 3D 动画文字，能够即时创建可自定义的三维艺术作品，动画时间轴非常易用，并且功能强大，生成的动画可以保存为 GIF 和 AVI 文件格式。软件界面如图 2 - 2 所示。

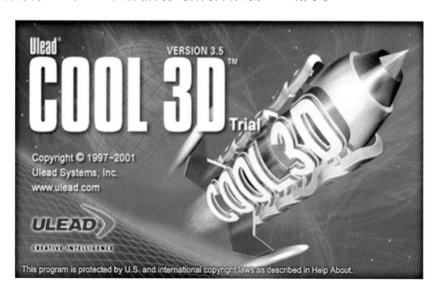

图 2 - 2　COOL 3D 软件界面

3. Flash

　　Flash 是 Macromedia 公司推出的一款动画设计软件，与 Dreamwear、Fireworks 软件被称为网页设计三剑客，现被 Adobe 公司收购。目前广泛应用于网页设计、多媒体演示及游戏软件的开发等领域，是网络上最流行的网页动画设计软件。用它制作的 SWF 动画文件的存储量很小，在网络上下载速度很快，可以包含丰富的动画和声音，其中的文字、图像都能跟随鼠标的移动而变化，可制作出交互性很强的动画文件。软件界面如图 2 - 3 所示。

图 2-3　Flash 件界面

2.2　Flash 软件基础

2.2.1　Flash 软件的工作界面

打开 Flash CS6 软件（本书以此版本软件为例讲解），默认情况下其工作界面如图 2-4 所示。它包括菜单栏、时间轴面板、绘图工具栏、面板集及舞台等。

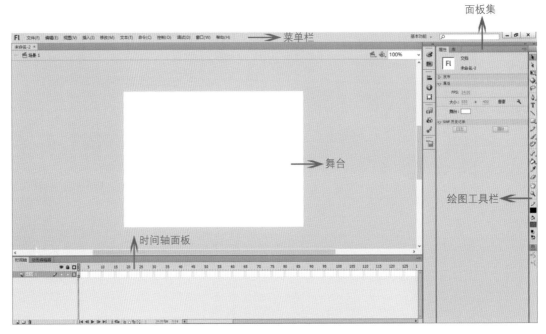

图 2-4　Flash 工作界面

1. 菜单栏

如图2-5所示为菜单栏，菜单栏位于工作界面的最上方，包含了所有执行命令的选项菜单，可以选择不同的菜单来执行不同的操作。

图2-5　菜单栏

2. 绘图工具栏

绘图工具栏在默认情况下位于工作界面的最右侧，其中包括20多种工具，被默认分为选择部分、绘图部分、填充部分、查看部分、颜色部分、选项部分六个区域，用鼠标拖动边框可以改变绘图工具栏的大小，并可将它放在软件中的任何位置。通过绘图工具栏上如图2-6所示的一系列按钮，可以完成图形绘制、文本录入与编辑、对象选择与编辑等操作。

3. 舞台

舞台是Flash的主要工作窗口，可以在其中绘制图形、输入与编辑文字、编辑图像及制作动画等。在动画的播放过程中，只有在舞台上的内容才会呈现出来，舞台外区域里的内容是不可见的，如图2-7所示，其中白色区域为舞台区域。

4. 面板集

Flash软件默认工作界面的左侧和下侧是浮动面板区

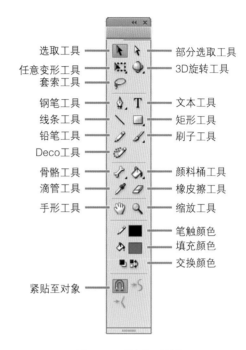

图2-6　绘图工具栏

域，它们功能强大并且在工作中最为常用，Flash提供了多种方式来根据需要自定义工作区。使用面板可以查看、组合和更改资源及其属性，可以显示、隐藏面板和更改面板的大小，也可以组合面板并保存自

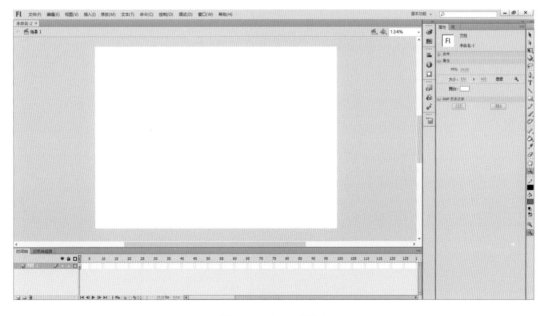

图2-7　Flash的舞台

定义的面板设置，从而可以更容易地管理工作区。如属性面板在操作时显示结果，以反映正在使用的工具和资源，使操作更具有交互性，如图2-8所示。

2.2.2 Flash 软件的基础知识

对 Flash 软件基本概念理解透彻将在实际的操作过程中非常重要，基本概念包括场景、图层、时间轴、帧和关键帧、元件和实例以及库等。

1. 场景

Flash 动画是按时间离散成的帧图，场景就是直接绘制帧图或者从外部导入图形之后进行编辑处理形成单独的帧图，再把单独的帧图合成动画的场所。一幕场景有特定的长、宽、分辨率和帧的演示速率，这些参数由影片的属性决定。在编辑 Flash 动画之前应当先设置好参数，可以选择菜单中的"修改→文档"命令或者使用"Ctrl + J"快捷键打开"文档属性"对话框，如图2-9所示。

图 2-8　属性面板

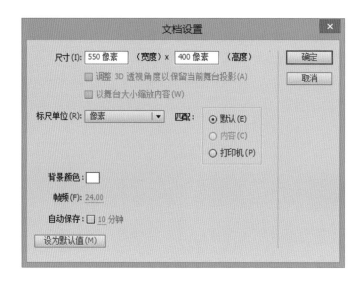

图 2-9　场景的参数设置

Flash 动画可能由多个场景组成，就像舞台上的多幕剧一样，在播放多个场景的动画时，按照场景在场景监控器中的次序一个一个地播放。如果要停在某一帧，可以使用动作按钮，还可以以非线性方式浏览。

2. 图层

图层就像透明的胶片一样，一层层的叠加，可以组织文件中的图片。在一个图层上绘制和编辑对象，不会影响其他图层上的对象，一个图层上若没有内容，那么就可以透过它看到下面图层的内容。

如果要编辑和修改图层上的内容，需要选择该图层，再激活此图层上的对象。图层或图层文件夹名称旁边的铅笔图标✐，表示该图层或图层文件夹处于被激活状态。在编辑时只能有一个图层处于被激活状态，并且只能对此图层里的内容进行编辑修改，但是可以同时选择多个图层，同时移动多个图层中的对象。当新建一个图层后，系统都会默认一个名字，也可以给图层重新命名，还可以进行隐藏、锁定和重新排序等操作。

3. 时间轴

时间轴用于组织和控制影片内容在一定时间内播放的层数和帧数。与胶片一样，Flash 影片也将时长分为帧，图层就像层叠在一起的幻灯胶片一样，每个图层都包含一个显示在舞台上的不同图像。时间轴的主要组成部分是图层、帧和播放头。

文档中的图层排列在时间轴左侧的列中，每个图层中包含的帧显示在该图层名右侧的一行中，时间轴顶部的时间轴标题显示帧编号，播放头指示在舞台中当前显示的帧。

时间轴状态显示在时间轴的底部，它指示所选的当前帧编号以及到当前帧位置的运行时间，如图 2 - 10所示。

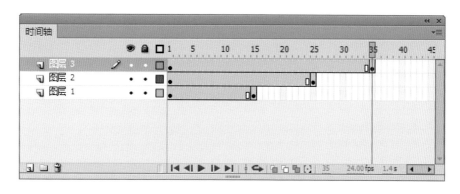

图 2 - 10　时间轴

4. 帧和关键帧

动画的制作原理是将一定数量的静态图片连续播放，此过程中具有很强的连贯性，因此使人的肉眼感觉静态的图片是在发生动态变化，而这一系列的静态图片就称之为帧。关键帧就是指在动画中定义变更内容的动画帧，或包含修改文档的帧动作的帧，通过关键帧之间补间，可生成流畅的动画，它与其他帧最大的区别在于只有关键帧处才可以创建动画和设置交互。空白关键帧是在一个关键帧里，什么对象也没有，但也属于关键帧，就称之为空白关键帧，空白关键帧上尽管没有对象，但支持交互语句。

帧的频率：帧频在 Flash 动画中用来衡量动画播放的速度，通常以每秒播放的帧数为单位（fps，帧/秒）。由于网络传输速率不同，每个 Flash 的帧频设置也可能有所不同，但在互联网上 12 帧/秒的帧频通常会得到最佳的效果，QuickTime 和 AVI 影片通常的帧频就是 12 帧/秒，但是标准的运动图像速率是 24 帧/秒，例如电视机。

5. 元件和实例

使用 Flash 制作动画影片的一般流程是先制作动画中所需的各种元件，然后在场景中引用元件实例，并对实例化的元件进行适当的组织和编排，最终完成影片的制作。合理地使用元件可以提高动画影片制作的工作效率。

(1) 元件

元件既可以指 Flash 中所创建的图形、按钮或影片剪辑，也可以包含从其他应用程序中导入的插图。元件一旦被创建，就会被自动添加到当前影片的库中，然后就可以一直在当前影片或其他影片中重复使用。用在 Flash 中可以有三种类型的元件，即图形、按钮和影片剪辑，每种元件都有其在动画影片中独特的作用。

① 图形

图形元件是可以用来重复应用的静态图片，可以应用到其他类型的元件中，是 Flash 里三元件中最基本的类型。

② 按钮

按钮元件是用来控制动画影片中相应的鼠标时间的交互性特殊元件，通过设置来引发特殊效果，例如控制影片的播放、停止等。

按钮元件的编辑有四种状态，如图2-11所示，它的时间轴不能被播放，只是根据鼠标事件的不同而做出相应的反应，并转到所指向的状态。

图2-11　按钮的编辑状态

弹起：鼠标不在按钮上的状态，即按钮的原始状态。

指针经过：鼠标移动到按钮上时的按钮状态。

按下：鼠标点击按钮时按钮的状态。

点击：设置对鼠标动作作出反应的区域，这个区域在Flash影片播放的时候是不会显示的。

③ 影片剪辑

影片剪辑可以被看作是一段独立的小电影，其中可以包含交互式控件、声音甚至是其他影片剪辑实例，拥有独立的时间轴，在Flash中是相互独立的。若主场景中存在影片剪辑，即使是主动画的时间轴已经停止，影片剪辑的时间轴仍可以继续播放。

(2) 实例

实例就是位于舞台中，或者嵌套在另一个元件中的元件副本，实例的属性可以与元件不同，它的亮度、色调以及不透明度都可以调节。在库中有元件的情况下，选中元件并把它拖动到舞台中就完成了实例的创建。实例的创建源于元件，如果元件被修改编辑，那么相关联的实例也就会随之更新。在实际制作中需要注意的是，影片剪辑实例和包含动画的图形实例不同，影片剪辑只需要一个帧就可以播放动画，并且在编辑环境中不能演示动画效果。而包含动画的图形实例则必须要在与其元件同样长的帧中放置，才能显示完整的动画。

6. 库

库是元件和实例的载体，在使用Flash软件进行动画制作时，使用库可以省去很多的重复操作和一些不必要的麻烦。此外，使用库可以在很大程度上减小动画文件所占用的空间，充分利用库中包含的元素可以有效地控制文件的大小，便于文件的传输和下载。Flash中的库分为两类，即专用库和公共库。

专用库：选择菜单中的"窗口→库"命令打开专用库的面板，如图2-12所示，库面板中包含了当前编辑文件下的所有元件，如导入的位图、视频等。舞台中的每个实例不论其出现多少次，都只作为一个元件出现在库中。

公用库：选择"窗口→公用库"命令，可以在其子菜单中看到"Buttons""Classes"和"Sounds"三个选项，这三项就是三种Flash软件内置的公用库，如图2-13所示。

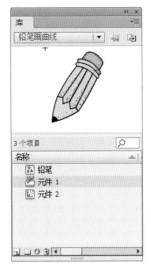

图2-12　库面板　　　　　　　　　　　图2-13　公共库的种类

作业要求

1. 填空题

（1）Flash 是一种_____软件。

（2）Flash 软件工作界面包括_____等元素。

（3）_____是 Flash 的主要工作窗口，用户可以_____，也可以_____。

（4）_____是元件和实例的载体，使用_____可以在很大程度上减小动画文件所占用的空间。

2. 选择题

（1）Flash 不能导出为下面哪种文件格式（　　　）？

　　A. swf　　　　　　　B. jpg　　　　　　　C. avi　　　　　　　D. rar

（2）关键帧与其他帧最大的区别在于（　　　）？

　　A. 绘制图形　　　B. 创建动画　　　C. 编辑图像　　　D. 放置声音

（3）在因特网上设置帧频为（　　　）通常会得到最佳的效果？

　　A. 12　　　　　　　B. 24　　　　　　　C. 18　　　　　　　D. 10

（4）用于组织和控制影片内容在一定时间内播放的层数和帧数的是（　　　）？

　　A. 场景　　　　　　B. 时间轴　　　　　C. 元件　　　　　　D. 属性面板

3. 问答题

（1）常用的网页动画设计软件有哪些？它们各自有哪些特点？

（2）Flash 软件能够在因特网上风靡是因为它有哪些特点？

（3）任意变形工具有哪些变形效果？

（4）关键帧与其他帧有哪些区别？

（5）元件的种类及其特点有哪些？

4. 实践题

（1）打开 Flash 软件，熟悉整个工作界面，点击查看所有的操作命令，尝试进行一些简单的操作，如新建文件、设置参数等。

（2）用 Flash 软件绘图工具绘制矢量图形。

（3）创建一个按钮元件，再创建一段影片剪辑动画，最后尝试着把影片剪辑实例放在按钮元件的时间轴内创建动画按钮。

（4）制作一段文字动画，是制作过程中体会绘图工具栏中各工具的使用方法，加深对图层、时间轴、元件、实例以及库等概念的理解。

第3章 网页动画的形式

学习目标与要求

◆ 通过本章学习，了解网页动画常用的动画形式，理解这些形式动画运动的原理，掌握实现这些动画形式的操作方法和步骤。

学习重点

◆ 通过实例，掌握网页常用动画形式的操作方法和步骤。

学习难点

◆ 理解创建动画的条件，掌握运动引导、遮罩动画的实现以及 Flash 动画常用的脚本语句。

　　网页上的动画形式多种多样，从设计原理上概括起来有四种类型：一种是基于关键帧的动画，其动画形式为逐帧动画；一种是基于时间轴的动画，其动画形式有形状补间、运动补间、运动引导和遮罩动画；一种是基于程序语言的动画，其动画是用 ActionScript 脚本语言开发的脚本动画；还有一种是用 Flash 第三方辅助设计软件开发的插件动画。进行网页动画设计，必须要先了解这些动画形式，并在设计过程中灵活使用。

3.1 逐帧动画

1. 概念

逐帧动画是网页动画中最基本的动画形式，是指每一帧都是关键帧的动画，在每一关键帧中放置不同的内容，然后通过连续播放而形成动作，其制作原理同传统动画一样，都是在连续的关键帧中分解动作。

逐帧动画可以制作不规则的动作，适合于表现细腻、复杂的动画，如制作面部表情、人物走路和动物奔跑等具有细微变化的动画。

2. 创建逐帧动画的方法

创建逐帧动画的方法有很多，主要有以下几种：

① 将静态图片或序列图像连续导入生成逐帧动画；

② 用鼠标或压感笔逐帧绘制矢量图形生成逐帧动画；

③ 在关键帧上添加动作脚本语句生成指令逐帧动画。

3. 在时间轴上的显示

逐帧动画创建成功以后，时间轴上帧的颜色是灰色的，如图3-1所示。

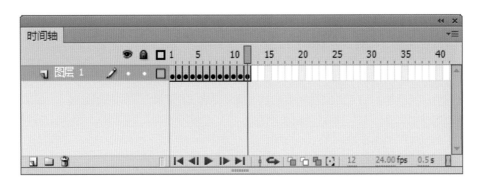

图3-1　逐帧动画在时间轴上的显示

4. 逐帧动画的运动原理

逐帧动画中的每一帧都是关键帧，每一关键帧中都放置不同的动作，通过连续播放这些关键帧而形成动作的连贯。如图3-2所示，为一逐帧动画，共有十帧，每一帧上的动作都有细微变化，连续播放，就形成连续运动的动画。

图3-2　逐帧动画中每一帧的动作变化

5. 实例：跳舞的小羊

下面用逐帧动画制作一只小羊跳舞的动画。

（1）绘制小羊形象

① 新建一个 Flash 文档，设置文档属性，尺寸为宽 400 像素，高 300 像素，背景颜色值为♯990033，帧频为每秒 12 帧，如图 3-3 所示。

② 在第 1 帧上绘制如图 3-4 所示的小羊形象。

图 3-3　设置文档属性

图 3-4　绘制小羊形象

（2）创建元件

① 选中小羊的头部，单击菜单"修改"→"转换为元件"或按 F8 键，弹出"转换为元件"的对话框，如图 3-5 所示，在"名称"栏中输入"羊头"，在"类型"中选择"图形"，单击"确定"以后，就新建了一个名为"羊头"的图形元件。

图 3-5　矢量图形转换为元件

② 选中小羊的身体，创建一个名为"羊身"的图形元件。

③ 选中小羊的一只羊脚，创建一个名为"羊脚"的图形元件。删除剩下的三只羊脚图形，复制三个"羊脚"图形元件，安放在小羊的身上。

（3）制作逐帧显示效果

从第 1 帧到第 24 帧，每隔一帧按 F6 键，插入一个关键帧，通过调整关键帧上小羊的"羊头""羊身"和"羊脚"图形元件的位置和倾斜的角度，来设置小羊在这些帧上的动作，如图 3-6 所示。

单击菜单"控制"→"测试影片"或按 Ctrl＋Enter 键，测试影片，就看到了一只小羊跳舞的动画。

图 3-6　小羊在关键帧上的动作

3.2　形状补间

1. 概念

形状补间动画是网页动画的一种形式，创建类似于形变的动画效果，是对矢量图形进行变化的动画。指在时间轴的一个关键帧中绘制一个形状，然后在另一个关键帧中更改其形状或绘制另一个形状，根据两者之间的帧的值或形状，来补间其过渡的变化，使一个形状随着时间变成另一个形状。

形状补间动画可以实现两个对象之间的大小、颜色、透明度、外形和位置的相互变化。

2. 创建形状补间动画的条件

① 在一个形状补间动画中至少要有两个关键帧；

② 关键帧中的对象必须是矢量图形，不能是组合对象、元件和文本对象等；

③ 两个关键帧中的图形必须有一些变化，否则动画没有动的效果。

3. 在时间轴上的显示

形状补间动画创建成功以后，时间轴面板的背景颜色为淡绿色，在开始帧和结束帧之间连接一个长箭头。如果创建失败，则是虚线连接，如图3-7所示。

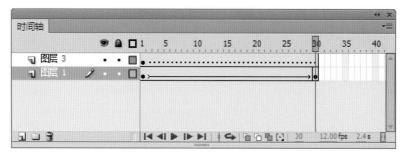

图 3-7　形状补间动画在时间轴上的显示

4. 形状补间动画的运动原理

形状补间动画是矢量图形变化的动画，在动画的开始帧和结束帧分别设置不同状态的矢量图形，通过计算来完成其过渡帧的变化。如图3-8所示，在动画的起始帧和结束帧分别设置一个圆形和一个方形，通过形状补间来完成中间帧的变化。

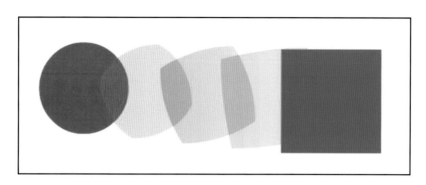

图3-8　由圆形变成方形的动画

5. 实例：小猪换衣服

下面用形状补间制作小猪换衣服的动画。

(1) 设置文档属性

新建一个Flash文档，设置文档属性，尺寸为宽550像素，高400像素，背景颜色值为#FFE001，帧频为每秒12帧。

(2) 设置关键帧

① 打开本书配套"素材"文件夹中的"小猪衣服1.fla"和"小猪衣服2.fla"文件。

② 将"小猪衣服1.fla"文件中的图形复制到第1帧，如图3-9所示。

图3-9　时间轴第1帧上的图形

③ 在第60帧处，按F6键，插入一个关键帧，删除该帧上的图形，把"小猪衣服2.fla"文件中的图形复制到该帧。

④ 单击"绘图纸外观"按钮，调整第60帧上图形的位置，如图3-10所示。

图 3 - 10　调整时间轴第 60 帧上图形的位置

（3）创建补间形状

在时间轴的第 1 帧和第 60 帧之间任意一帧单击鼠标右键，在弹出的菜单中，选择"创建补间形状"，如图 3 - 11 所示，就创建了一个形状补间的动画。

单击菜单"控制"→"测试影片"或按 Ctrl + Enter 键，测试影片，就看到了小猪换衣服的动画。

3.3　动作补间

1. 概念

动作补间是网页动画的一种形式，是将前后两个关键帧的参数通过适当的数学运算来计算两个关键帧间的各个帧的参数，从而完成动画的制作。是在时间轴的一个关键帧上放置一个元件或组件，然后在另一个关键帧上改变这个元件或组件的属性，根据两者之间的帧的值，而补间其过渡帧变化的动画。

动作补间动画可以制作出对象的位移、变形、旋转、透明度以及色彩变化的动画效果。如飞机在天上飞、汽车在路上跑、背景颜色变化以及透明度的变化等。

图 3 - 11　创建补间形状

2. 创建动作补间动画的条件

① 在一个动作补间动画中至少要有两个关键帧；

② 关键帧中的对象必须是同一个对象；

③ 应用在动画中的对象要具有元件或群组属性。

④ 两个关键帧中的对象必须有一些变化，否则动画没有动作变化的效果。

3. 在时间轴上的显示

动作补间动画创建成功后，时间轴面板的背景颜色为淡紫色，在开始帧和结束帧之间连接一个长箭头。如果创建失败，则是虚线连接，如图 3 - 12 所示。

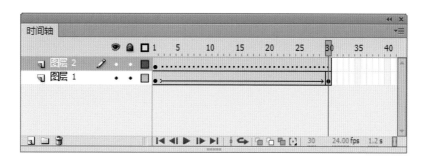

图 3 - 12　动作补间动画在时间轴上的显示

4. 动作补间动画的运动原理

动作补间动画是同一对象在不同时间上的变化，在动画的开始和结束帧分别设置对象的属性，通过计算来完成其过渡帧的变化。如图 3 - 13 所示，在动画的起始帧和结束帧分别设置小球的不同位置，通过动作补间来完成运动的变化。

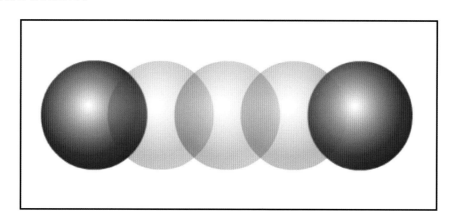

图 3 - 13　小球从左移动到右的动画

5. 实例：飞驰的汽车

下面用动作补间制作汽车飞驰奔跑的动画。

(1) 设置文档属性

新建一个 Flash 文档，设置文档属性，尺寸为宽 600 像素，高 300 像素，背景颜色为白色，帧频为每秒 12 帧。

(2) 设置图层

① 将图层 1 命名为"背景"。

② 在"背景"层的第 1 帧上，单击菜单"文件"→"导入"→"导入到舞台"，弹出"导入"对话框，选择本书配套"素材"文件夹中的"背景.jpg"文件，如图 3 - 14 所示，再单击"打开"按钮，就将一张图片导入到舞台上了。

③ 设置导入图片的尺寸为宽 2100 像素，高 300 像素，X 和 Y 的值都为 0，使图片覆盖舞台，并与舞台对齐，如图 3 - 15 所示。

④ 新建一个图层命名为"汽车"。

图 3-14　导入对话框

图 3-15　导入的背景图片

⑤ 打开本书配套"素材"文件夹中的"汽车.fla"文件,将其"汽车"图形元件复制到"汽车"图层的第 1 帧,如图 3-16 所示。

(3) 设置关键帧

① 在背景"层的第 1 帧上,选择导入的图片,单击菜单"修改"→"转换为元件"或按 F8 键,弹出"转换为元件"的对话框,如图 3-17 所示,在"名称"栏中输入"背景",在"类型"中选择"图形",单击"确定"以后,就新建了一个名为"背景"的图形元件。

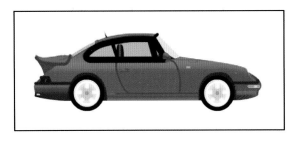

图 3-16　"汽车"图形元件

图 3-17　图片转换为元件

② 在"背景"层的第 100 帧处,按 F6 键插入一个关键帧,调整这一帧上"背景"图形元件的位置,X 的值为 -1501.4,Y 的值不变。

③ 在"汽车"层的第 1 帧,设置"汽车"图形元件的尺寸为宽 170 像素,高 60 像素,X 的值为 -102.8,Y 的值为 247.7。

④ 在"汽车"层的第 100 帧上,按 F6 键插入一个关键帧,设置"汽车"图形元件的 X:716.6,Y 的值不变。

（4）设置动作补间

同时选中"背景"和"汽车"两个图层，再选择任意一帧单击鼠标右键，在弹出的菜单中，选择"创建传统补间"，如图 3 - 18 所示，就创建了一个动作补间的动画。

单击菜单"控制"→"测试影片"或按 Ctrl + Enter 键，测试影片，就看到了一个汽车飞驰奔跑的动画。

3.4　运动引导

1. 概念

运动引导动画是指对象沿着固定路径或引导线进行运动的动画。是将一个或多个层链接到一个运动引导层，使一个或多个对象沿同一路径运动的动画。

运动引导动画可以使一个或多个对象完成曲线或不规则的运动。如月亮绕地球旋转、鱼儿在大海里遨游、猴子沿着山路跑和蝴蝶在飞舞等动画。

图 3 - 18　设置动作补间

2. 创建运动引导动画的条件

① 被引导对象必须是元件或组件，不能是矢量图形；

② 动画图层至少要有两个，一个是引导层，一个是被引导层，引导层要位于被引导层的上方；

③ 被引导对象的中心圆点，一定要对准引导线的起始和终点的两个端点。

3. 在时间轴上的显示

运动引导动画创建成功后，时间轴面板如图 3 - 19 所示。

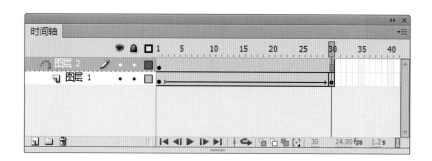

图 3 - 19　运动引导动画在时间轴上的显示

4. 运动引导动画的运动原理

动作补间动画的运动是对象沿着直线的运动，运动引导动画运动是对象是沿着曲线或不规则运动轨迹的运动。如图 3 - 20 所示，动画中小球在沿着曲线运动。

5. 实例：铅笔画曲线

下面用运动引导制作铅笔画曲线的动画。

（1）设置文档属性

新建一个 Flash 文档，设置文档属性，尺寸为宽 550 像素，高 400 像素，背景颜色为白色，帧频为每秒 12 帧。

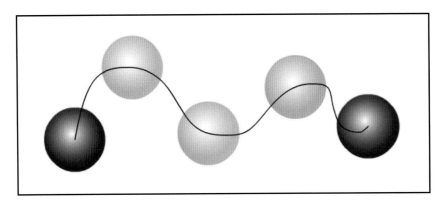

图 3-20　小球沿着曲线运动

（2）设置图层

① 将图层 1 命名为"背景"。

② 在"背景"层的第 1 帧上，单击工具栏中的矩形工具按钮▣，绘制一个长方形，在属性栏设置其尺寸为宽 550 像素，高 400 像素，X 和 Y 的值都为 0，使图形覆盖整个舞台。

③ 单击菜单"窗口"→"颜色"，弹出"颜色"面板，在"颜色类型"选项中选择"线性"，设置左边的颜色值为＃FDF100，右边的颜色值为＃EF6601，如图 3-21 所示。

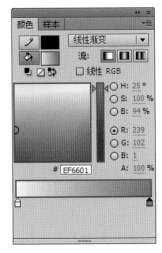

④ 选择工具栏中的颜料桶工具▨，在"背景"层的图形上单击，就填充了一个线性渐变的颜色。

⑤ 新建一个图层命名为"曲线"。

⑥ 选择工具栏中的铅笔工具✐，在"曲线"层上绘制一个螺旋形的曲线，如图 3-22 所示。

图 3-21　设置"颜色"面板

图 3-22　绘制螺旋形的曲线

⑦ 新建一个图层命名为"铅笔"。

⑧ 打开本书配套"素材"文件夹中的"铅笔.fla"文件，将其"铅笔"图形元件复制到"铅笔"图层的第 1 帧，如图 3-23 所示。

图 3-23　"铅笔"图形元件

⑨ 选中"铅笔"层，单击鼠标右键，在弹出的菜单中，选择"添加传统运动引导层"，"铅笔"层上就添加了一个"引导层：铅笔"图层，如图 3-24 所示。

⑩ 选择"曲线"层上的螺旋形曲线，单击"编辑"→"复制"，再选择"引导层：铅笔"层的第 1 帧，单击"编辑"→"粘贴到当前位置"，"引导层：铅笔"层上就有了一个与"曲线"层上大小、位置一样的螺旋形曲线。

（3）设置帧和关键帧

① 分别在"背景"、"曲线"和"引导层：铅笔"层的第 60 帧上，按 F5 键插入一个帧，在"铅笔"层的第 60 帧上插入一个关键帧。

② 在"铅笔"层的第 1 帧，将"铅笔"图形元件的中心圆点与"引导层：铅笔"层上螺旋形曲线的起始点对齐，如图 3-25所示。

③ 在"铅笔"层的第 60 帧，将"铅笔"图形元件的中心圆点与"引导层：铅笔"层上螺旋形曲线的终止点对齐，如图 3-26所示。

（4）设置动作补间

图 3-24　添加传统运动引导层

在"铅笔"层的第 1 和第 60 帧上单击，在属性栏中的"补间"下拉列表框中选择"动画"，就创建了一个动作补间的动画。时间轴面板如图 3-27 所示。

单击菜单"控制"→"测试影片"或按 Ctrl + Enter 键，测试影片，就看到了一支铅笔沿着一条画曲线在画的动画。

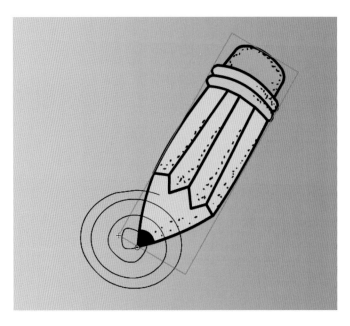

图 3 - 25　　"铅笔"元件在第 1 帧的位置

图 3 - 26　　"铅笔"元件在第 60 帧的位置

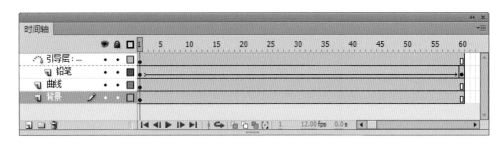

图 3 - 27　运动引导动画的时间轴面板

3.5　遮罩动画

1. 概念

遮罩动画中的遮罩与 Photoshop 中的蒙版没有太大区别，只是遮罩物和被遮罩物必须放在两个图层中，而且一个遮罩层可以和几个被遮罩层相结合。在遮罩层上创建一个任意形状的"视窗"，遮罩层下方的对象可以通过该"视窗"显示出来，而"视窗"之外的对象将不会显示，无论在遮罩层中绘制多么复杂的颜色过渡，遮罩的结果也只有形状。遮罩层和被遮罩层都可以运动，因此会有很多的运动组合。

遮罩动画可以创建一些效果丰富精彩的动画，如水波、万花筒、百叶窗、放大镜和望远镜等。

2. 创建遮罩动画的条件

① 制作遮罩动画必须具备两个基本的图层，遮罩层和被遮罩层，遮罩层位于被遮罩层的上方；

② 遮罩层中的内容可以是矢量图形、元件、位图和文字等，但不能是线条，若要使用线条，可以将线条转化为填充图形；

③ 可以在遮罩和被遮罩层中分别或同时使用形状补间、动作补间和运动引导等动画形式；

④ 不能用一个遮罩层试图遮罩另一个遮罩层；

⑤ 在被遮罩层中不能放置动态文本。

3. 在时间轴上的显示

遮罩动画创建成功以后，时间轴面板如图 3-28 所示。

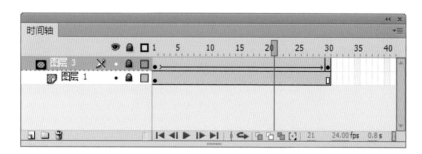

图 3-28　遮罩动画在时间轴上的显示

4. 遮罩动画的运动原理

遮罩动画是通过遮罩物和被遮罩物的相互作用来完成的，可以将遮罩物比喻为手电筒，被遮罩物比喻为一物体，手电筒和物体都是可以同时运动的，在漆黑的夜里，手电筒灯光能照到物体的部分是可见的，其余是不可见的。如图 3-29 和图 3-30 所示，在漆黑的夜里有一行文字，只有手电筒灯光照到的地方是可见的。

5. 实例：手机里的动画

下面用遮罩原理制作手机里的动画。

(1) 设置文档属性

新建一个 Flash 文档，设置文档属性，尺寸为宽 410 像素，高 480 像素，背景颜色为白色，帧频为每秒 12 帧。

(2) 设置图层

① 将图层 1 命名为"背景"。

图 3-29　遮罩前

图 3-30　遮罩后

②在"背景"层的第 1 帧上，单击菜单"文件"→"导入"→"导入到舞台"，弹出"导入"对话框，选择本书配套"素材"文件夹中的"背景.jpg"文件，再单击"打开"按钮，就将一张图片导入到舞台上了，如图 3-31 所示。

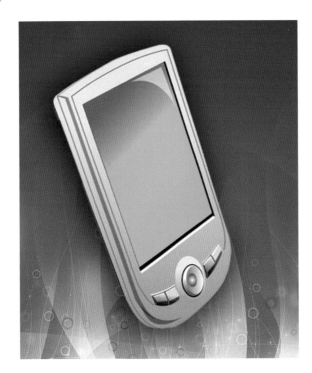

图 3-31　导入的背景图

③ 在"背景"层上，设置导入图片的位置，X 和 Y 的值都为 0，使图片覆盖整个舞台。

④ 新建一个图层命名为"动画"。

⑤ 打开本书配套"素材"文件夹中的"动画.fla"文件，将其"笑脸太阳"的影片剪辑元件复制到"动画"层的第 1 帧，如图 3-32 所示。

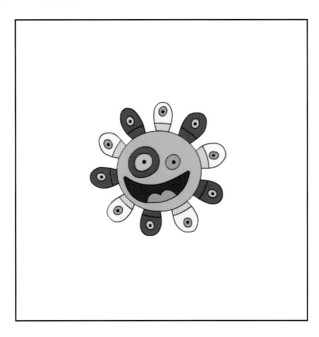

图 3-32　"笑脸太阳"影片剪辑元件

⑥ 在"动画"层上新建一个图层，命名为"遮罩"。

⑦ 在"遮罩"层上绘制一个与背景图上手机屏幕大小和形状一样的矢量图形，覆盖在手机屏幕上，如图 3-33 所示，图形的颜色可任意。

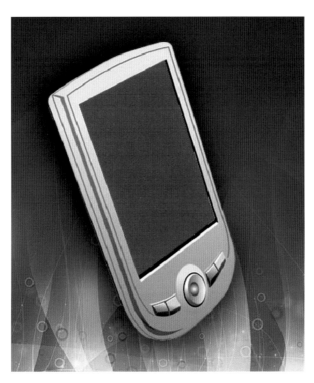

图 3-33　"遮罩"层上绘制的图形

(3) 设置帧和关键帧

① 分别在"背景"和"遮罩"层的第 60 帧上，按 F5 键插入一个帧，在"动画"层的第 60 帧上插入一个关键帧。

② 在"动画"层的第 1 帧，将"笑脸太阳"影片剪辑元件的位置调整在如图 3-34 所示的位置。

图 3-34   "笑脸太阳"影片剪辑元件在第 1 帧的位置

③ 在"动画"层的第 60 帧，将"笑脸太阳"影片剪辑元件的位置调整在如图 3-35 所示的位置。

图 3-35   "笑脸太阳"影片剪辑元件在第 60 帧的位置

(4) 设置动作补间

在"动画"层的第 1 和第 60 帧上单击，在属性栏中的"补间"下拉列表框中选择"动画"，就创建了一个动作补间的动画。

(5) 设置遮罩

选择"遮罩"层，单击鼠标右键，选择弹出菜单中的"遮罩层"命令，时间轴面板如图 3-36 所示。

图 3-36 遮罩动画的时间轴面板

单击菜单"控制"→"测试影片"或按 Ctrl + Enter 键，测试影片，就看到了一个只在手机屏幕里显示的动画。

3.6 脚本动画

1. 概念

脚本动画是在 Flash 中使用 ActionScript 脚本语言编写或控制对象运动的动画。ActionScript 是一种交互性的脚本语言，是一种面向对象化的编程语言，它提供了自定义的函数，以及强大的对颜色、声音、XML 等对象的支持，使用 ActionScript 脚本语言可以制作高质量的动画效果和实现用户与动画的交互。

通过 ActionScript 脚本语言，可以创作出一些复杂的动画效果和实现用户对动画的交互和控制。例如开发一些网络课件、网络游戏甚至与手机的应用相结合。

2. 创建脚本动画的条件和方法

① 可以添加脚本语句的对象有三种：时间轴上的关键帧、按钮和影片剪辑元件；

② 添加脚本语句时，可以通过"动作"面板中的"脚本助手"输入脚本，"脚本助手"为使用脚本编辑提供了一个简单的，具有操作性和辅助性的友好界面，使用者只需添加或更改相应的参数即可；

③ 添加脚本语句时，也可以直接在"动作"面板中编写输入动作脚本。

3. 在时间轴上的显示

脚本动画创建成功以后，时间轴面板如图 3-37 所示，在关键帧上将会有一个小 a，表明该帧或帧上的对象已经添加了脚本语句，将要执行一个脚本动作。

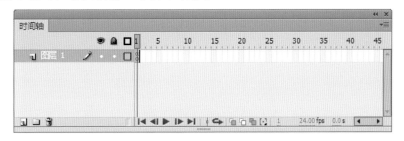

图 3-37 脚本动画在时间轴上的显示

4. 脚本动画的运动原理

前面讲解的动画都是通过帧或时间轴的编辑来生成动画的动作，并且动画的播放都是按照时间顺序来播放的，用户只能作为观众被动地观看，不能参与到动画中去。而脚本动画是用 ActionScript 脚本语句编写生成动画或控制对象的运动，实现人机的交互。ActionScript 是 Flash 软件专用的一种编程语言，其语法类似于 JavaScript 或者 Java，都是采用面向对象的编程思想，与其他编程语言一样，有自己的语法和功能体系，利用它可以创作一些复杂的动画效果和对动画的控制。

5. 脚本动画的类型

使用 ActionScript 脚本语句，可以制作高质量的动画效果和实现用户与动画的交互，因此其动画类型分为交互动画和编程动画两种。

(1) 交互动画

网页动画除了具有动画特性外，还有具有一定的交互性，其交互性是通过 Flash 软件中的 ActionScript 脚本语句来实现的，ActionScript 的语句有很多，其中有一些是需要经常使用的，它的语法结构并不难，不需要太深的编程知识即可掌握，但对于动画设计者来说可以通过了解一些比较简单的、常用的语句命令，来完成对动画的交互控制。

常用的动画交互语句有：

① stop 语句

在 Flash 中如果不设置任何动作脚本，其生成的动画是从头到尾按照时间轴各帧的顺序线形播放的，播放完毕后又会从头到尾再进行循环播放。如果想控制动画的播放和停止，使动画可以非线形地播放，就要使用到 stop 语句。stop 语句是一个停止播放命令，用于控制时间轴处播放头的停止，使用此语句可以使得动画在当前帧停止播放，与 play 语句相同，该指令无语法参数。

添加在关键帧上的语法形式为：

```
stop ();
```

添加在按钮上的语法形式为：

```
on (release) {
    stop ();
}
```

stop 语句在动作面板的脚本助手编辑模式中如图 3-38 所示。

图 3-38 stop 语句

② Goto 语句

Goto 语句是一个跳转命令，主要用于控制动画的跳转，通常与 play 和 stop 命令组合为 gotoAndPlay 和 gotoAndStop 两个命令，控制动画的跳转播放与跳转停止。

添加在关键帧上的语法形式为：

gotoAndPlay（"场景"，时间轴）；

gotoAndStop（"场景"，时间轴）；

添加在按钮上的语法形式为：

on（release）{

gotoAndPlay（"场景"，时间轴）；

}

或

on（release）{

gotoAndStop（"场景"，时间轴）；

}

Goto 语句在动作面板的脚本助手编辑模式中的参数设置如图 3-39 所示。

图 3-39　goto 语句的参数设置

③ getURL 语句

getURL 用于建立网页的链接，使用此命令可以完成文本、FTP 地址、CGI 脚本和其他 Flash 影片内容的链接，而且还可以向此命令调用 JavaScript 脚本，以及向 Director 中调用参数。

添加在关键帧上的语法形式为：

getURL（"url"，"窗口"，"变量"）；

添加在按钮上的语法形式为：

on（release）{

getURL（"url"，"窗口"，"变量"）；

}

getURL 语句在动作面板的脚本助手编辑模式中的参数设置如图 3-40 所示。

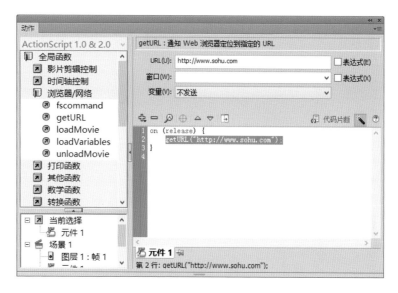

图 3 - 40　getURL 语句的参数设置

④ loadMovie 语句

loadMovie 语句用于载入外部图像与动画影片，使用 loadMovie 可以将一个大电影分解成若干个小的电影，这样可以更好地维护影片。在 Flash 中可以载入的图像格式有 jpg、png、gif 三种格式，可以载入的影片格式为 swf。loadMovie 语句通常会与 unloadMovie 语句一起使用，unloadMovie 语句与 loadMovie 语句正好相反，用于卸载外部的图像或影片剪辑。

添加在关键帧上的语法形式为：

loadMovieNum ("url"," 位置"," 变量")；

添加在按钮上的语法形式为：

on (release) {

loadMovieNum ("url"," 位置"," 变量")；

}

loadMovie 语句在动作面板的脚本助手编辑模式中的参数设置如图 3 - 41 所示。

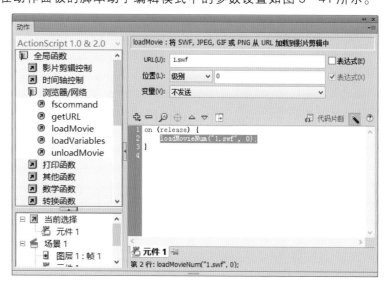

图 3 - 41　loadMovie 语句的参数设置

实例 1：控制动画的播放

① 打开本书配套"素材"文件夹中的"控制动画的播放 .fla"文件，如图 3-42 所示。

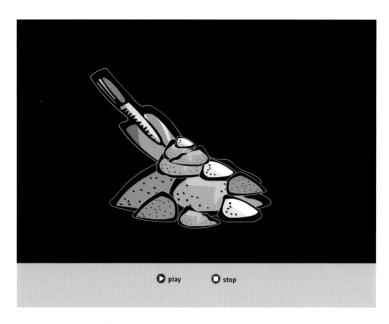

图 3-42　"控制动画的播放 .fla"文件

② 选择"play"按钮，单击"窗口"→"动作"，弹出"动作-按钮"面板，选择"全局函数"里的"时间轴控制"中的"play"语句，通过双击，就将"play"语句附加到"play"按钮元件上了，"动作-按钮"面板的设置如图 3-43 所示。

图 3-43　"动作-按钮"面板的设置

③ 选择"stop"按钮，将"stop"语句附加到其上。

单击菜单"控制"→"测试影片"或按 Ctrl + Enter 键，测试影片，就看到了一个正在播放的动画，单击"stop"按钮，动画就停止播放，单击"play"按钮，动画就会继续播放。

实例2：影片链接

（1）主页与分页的影片链接

① 打开本书配套"素材"文件夹中的"主页.fla"文件，如图3-44所示。

图3-44 "主页.fla"文件

② 选择"热销产品"按钮，单击"窗口"→"动作"，弹出"动作－按钮"面板，双击选择"全局函数"里的"浏览器/网络"中的"loadMovie"语句，在"URL（U）:"中输入"热销产品.swf"，就为按钮添加了一个影片交互链接的语句，"动作－按钮"面板的设置如图3-45所示。

图3-45 "动作－按钮"面板的设置

③ 选择"结算中心"按钮，在"窗口"→"动作"，面板的"URL（U）:"中输入"结算中心.swf"，就为其按钮添加了一个影片交互链接的语句。

④ 选择"定单管理"按钮，在"窗口"→"动作"，面板的"URL（U）:"中输入"定单管理.swf"，就为其按钮添加了一个影片交互链接的语句。

（2）分页与主页、分页与分页之间的影片链接

① 打开本书配套"素材"文件夹中的"热销产品.fla"文件，如图3-46所示。

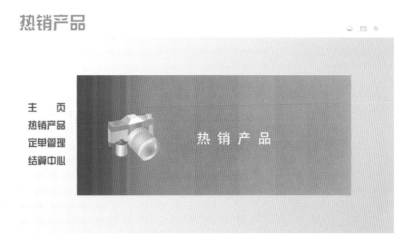

图3-46　"热销产品.fla"文件

② 选择"主页"按钮，在"窗口"→"动作"，面板的"URL（U）:"中输入"主页.swf"，就为其按钮添加了一个影片交互链接的语句。

③ 选择"热销产品"按钮，在"窗口"→"动作"，面板的"URL（U）:"中输入"热销产品.swf"，就为其按钮添加了一个影片交互链接的语句。

④ 选择"定单管理"按钮，在"窗口"→"动作"，面板的"URL（U）:"中输入"定单管理.swf"，就为其按钮添加了一个影片交互链接的语句。

⑤ 选择"结算中心"按钮，在"窗口"→"动作"，面板的"URL（U）:"中输入"结算中心.swf"，就为其按钮添加了一个影片交互链接的语句。

⑥ 选择"主页"、"热销产品"、"定单管理"和"结算中心"按钮，单击菜单"编辑"→"复制"。

⑦ 打开本书配套"素材"文件夹中的"定单管理.fla"文件，如图3-47所示。删除其"主页"、"热销产品"、"定单管理"和"结算中心"按钮，再单击菜单"编辑"→"粘贴到中心位置"，就将这些带有交互语句的按钮拷贝过来了。

图3-47　"定单管理.fla"文件

⑧ 打开本书配套"素材"文件夹中的"结算中心.fla"文件,如图3-48所示。删除其"主页"、"热销产品"、"定单管理"和"结算中心"按钮,再单击菜单"编辑"→"粘贴到中心位置",就将这些带有交互语句的按钮拷贝过来了。

图3-48 "结算中心.fla"文件

分别将"主页.fla"、"热销产品.Fla"、"定单管理.Fla"和"结算中心.Fla"文件,通过单击菜单"控制"→"测试影片"或按Ctrl+Enter键,发布影片,发布完成后,单击各影片上的按钮就实现了影片之间的交互链接。

(2) 编程动画

编程动画是用ActionScript脚本语句编写程序实现对象运动的动画,可以制作一些特殊效果的动画,例如像流星雨、水滴、飘雪、雷雨、海浪波动、荧火虫飞舞等动画效果。同时,还可以开发一些既具有特殊效果的动画,又具有人机交互的功能,例如像游戏的开发、网络课件的开发、动态网页的开发,甚至能与手机等其他媒体实现信息的交互与链接。

编写ActionScript的语句,必须要对其数据类型、动作事件、常量与变量、运算符号与表达式、基本语法要详细了解,根据其语法和功能体系有针对性地来编写。

下面通过一个实例,利用ActionScript的语句来编写雪花飘舞的动画效果。

实例3:雪花飘舞

(1) 设置文档属性

新建一个Flash文档,设置文档属性,尺寸为宽700像素,高525像素,背景颜色为黑色,帧频为每秒12帧。

(2) 设置背景层

① 将图层1命名为"背景"。

② 在"背景"层的第1帧上,单击菜单"文件"→"导入"→"导入到舞台",弹出"导入"对话框,选择本书配套"素材"文件夹中的"背景.jpg"文件,再单击"打开"按钮,就将一张图片导入到舞台上了,如图3-49所示。

③ 在"背景"层上,设置导入图片的宽:700像素,高:525像素,X和Y的值都为0,使图片覆盖整个舞台。

图 3 - 49　导入的背景图

（3）设置一片雪花的飘舞

① 新建一个图层命名为"一片雪花飘舞"。

② 在"一片雪花飘舞"层上绘制一个矢量的雪花图形，如图 3 - 50 所示。

图 3 - 50　矢量雪花图形

③ 选择绘制的矢量雪花图形，单击菜单"修改"→"转换为元件"，弹出"转换为元件"对话框，在"类型"栏中选择"图形"，在"名称"栏中输入"雪花"，如图 3 - 51 所示，单击确定后就创建了一个名为"雪花"的图形元件。

图 3 - 51　图形转换为元件

④ 选择"雪花"图形元件，单击菜单"修改"→"转换为元件"，弹出"转换为元件"对话框，在"类型"栏中选择"影片剪辑"，在"名称"栏中输入"雪花飘舞"，单击确定后就创建了一个名为"雪花飘舞"的影片剪辑元件。

⑤ 在"雪花飘舞"影片剪辑元件中，将图层1命名为"雪花"，在"雪花"层的第3帧上，按F5键插入一个帧。

⑥ 在"雪花"层上新建一个图层，命名为"脚本"。

⑦ 选择"脚本"层的第1帧，单击"窗口"→"动作"命令，弹出"动作-帧"面板，在脚本输入栏中输入如下脚本语句：

```
x = random (800);
y = random (600);
z = Number (random (50)) + 50;
yvel = z;
xvel = z * (random (200) - 100) / 100;
zvel = z * (random (200) - 100) / 100;
```

⑧ 在"脚本"层的第3帧按F6键插入一个关键帧，再单击"窗口"→"动作"命令，弹出"动作-帧"面板，在脚本输入栏中输入：

```
_x = x;
_y = y;
_alpha = z;
dy = yvel / 10;
y = Number (y) + Number (dy);
if (Number (y) >= 600) {
    y -= 600;
}
dx = xvel / 10;
x = Number (x) + Number (dx);
if (Number (x) >= 800) {
    x -= 800;
}
if (Number (x) < 0) {
    x = Number (x) + 800;
}
dz = zvel / 10;
z = Number (z) + Number (dz);
if (100 < Number (z)) {
    z = 100;
}
if (Number (z) < 50) {
    z = 50;
```

```
}
yvel = z;
xvel = Number (xvel) + Number ( (random (20) - 10));
if (100 < Number (xvel)) {
    xvel = 100;
}
if (Number (xvel) < Number (-100)) {
    xvel = -100;
}
zvel = Number (zvel) + Number ( (random (20) - 10));
if (100 < Number (zvel)) {
    zvel = 100;
}
if (Number (zvel) < Number (-100)) {
    zvel = -100;
}
gotoAndStop (2);
play ();
```

"脚本"层的第 1 和 3 帧上就添加一个脚本语句，这些语句是设置"雪花"层上的"雪花"图形元件随风飘舞的动画效果。

（4）设置漫天飞舞的雪花

① 单击"返回场景 1"按钮 ⬜场景 1，舞台切换到场景 1。

② 在"一片雪花飘舞"层上新建一个图层，命名为"脚本"。

③ 选择"脚本"层的第 1 帧，单击"窗口"→"动作"命令，弹出"动作-帧"面板，在脚本输入栏中输入：

```
i = 0;
while (Number (i) ! = 100) {
        duplicateMovieClip (" snow"," snow" +i, i);
        i = Number (i) + 1;
}
```

"脚本"层的第 1 帧上就添加一个脚本语句，这个语句是复制"一片雪花飘舞"层上的"雪花飘舞"元件，从而产生漫天飘舞的雪花效果。

单击菜单"控制"→"测试影片"或按 Ctrl + Enter 键，测试影片，就看到了一个雪花漫天飘舞的动画效果，如图 3-52 所示。

3.7　插件动画

插件动画是用 Flash 的第三方辅助设计软件开发的动画。尽管利用 Flash 软件可以制作一些精彩的动

图 3－52　雪花漫天飘舞的动画效果

画效果，但有些效果，还是受到目前软件功能的局限，例如，Flash 软件是基于二维矢量动画的开发，若要让其做出三维动画效果，就必须要用到由其第三方开发的能生成三维 Flash 格式的动画软件的支持。还有一些动画效果，通过 Flash 软件可以设计出来，但制作过程繁杂，例如，一些文字的特殊效果，可以利用其第三方开发的文字特效软件，直接生成一些具有特殊效果的文字动画。

　　随着 Flash 软件的广泛应用和版本的不断升级，与其配套开发的第三方辅助设计软件也会越来越多，功能也会越来越强。对这些软件要有一定的了解，并能够灵活使用，以达到增强动画效果、提高工作效率的目的。由于其生成的动画形式和效果往往是一些固定的模式，所以在进行动画设计时，不能滥用和过分地依赖于它，而失去动画创作的根源。如同影视片中的特效，只能用在恰当的情节上以增强其视觉效果，而不能用大量的特效来占据影片的主流。

　　Flash 的第三方软件比较多，今后还将不断涌现出新的软件，目前常用的有：三维动画特效软件 Swift 3D、Vecta3D Standalone Tools、3D Flash Animator，文字特效软件 Swish、Flax，还有利用骨骼功能制作人物动画的软件 Moho 等。如图 3－53 所示就是用三维动画特效软件开发的一些具有三维效果的 Flash 动画。

图 3－53　具有三维效果的 Flash 动画

作业要求

1. 填空题

（1）从设计原理上将网页动画的形式概括起来有四种类型：＿＿＿＿＿＿、＿＿＿＿＿＿、

＿＿＿＿＿＿和＿＿＿＿＿＿。

（2）逐帧动画是网页动画中最基本的动画形式，是指＿＿＿＿＿＿的动画。

（3）形状补间动画是对＿＿＿＿＿＿＿＿＿＿的动画。

（4）动作补间动画的运动是对象＿＿＿＿＿的运动，运动引导动画运动是＿＿＿＿＿的运动。

（5）ActionScript 是＿＿＿＿＿语言，是一种＿＿＿＿＿语言，使用 ActionScript 脚本语言可以制

作＿＿＿＿＿＿＿＿＿＿＿＿。

2. 选择题

（1）状补间动画创建成功以后，时间轴面板的背景颜色为（　　　）

A. 淡蓝色　　　　　　B. 淡绿色　　　　　　C. 淡紫色　　　　　　D. 灰色

（2）下面哪一个选项不是建动作补间动画的条件（　　　）

A. 一个动作补间动画中至少要有两个关键帧；

B. 关键帧中的对象必须是同一个对象；

C. 关键帧中的对象必须是矢量图形，不能是组合对象、元件和文本对象等；

D. 两个关键帧中的对象必须有一些变化，否则动画没有动作变化的效果。

（3）创建猴子沿着曲折山路跑动画，可以用（　　　）动画形式创建

A. 逐帧动画　　　　　B. 形状补间　　　　　C. 运动引导　　　　　D. 遮罩动画

（4）遮罩动画创建成功以后，时间轴面板为（　　　）

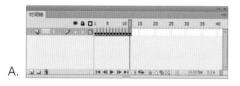

A.　　　　　　　　　　　　　　　　　　B.

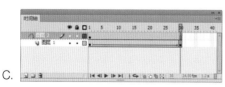

C.　　　　　　　　　　　　　　　　　　D.

（5）脚本语句不能添加在（　　　）对象上

A. 关键帧　　　　　　B. 按钮　　　　　　C. 影片剪辑元件　　　　D. 矢量图形

3. 问答题

（1）形状补间动画的运动原理是什么？

（2）创建遮罩动画的条件有哪些？

（3）脚本动画有哪些类型？

（4）Goto 语句的作用是什么？

（5）Flash 常用的第三方软件有哪些？

4. 实践题

完成本章节的实例操作。

第4章　网页动画的声音处理

◆ 通过本章的学习，了解网页动画设计常用的音频编辑软件，了解数字音频的基本概念，掌握声音的录制、音频的处理和在网页动画中声音的添加。

学习重点

◆ 录制声音、音频混合处理、在 Flash 中声音的添加和声音属性的设置。

学习难点

◆ 音频混合处理和 Flash 中声音属性的设置。

网页动画设计不仅要有精彩的图像和动画，更不能缺少声音这个重要的元素，声音作为网页动画中的重要组成部分，适当地运用能起到文字、图像、动画等媒体形式无法替代的作用，具有烘托主题、营造气氛、产生情感、引起共鸣的作用。因此，声音的选择和添加对于增加网页动画的艺术效果具有非常重要的作用。

4.1　音频基础

网页动画中涉及的音频是指数字音频。数字音频指的是一个用来表示声音强弱的数据序列，它是由模拟声音经采样、量化和编码后得到的。在网页动画中使用声音的时候，必须了解采样率和比特率这两个影响声音质量和文件大小的重要因素。采样率是模拟信号采成数字信号时的取样频率，这个频率是和声音质量有关的，采样率越大，声音文件高频还原性越好。一般有三种采样率：48kHz，44.1kHz 和 22.05kHz。比特率是指将数字声音由模拟格式转化成数字格式的采样率，比特率越高，还原后的音质就越好。一般有四种比特率：8 位，12 位，16 位和 32 位。

1. 数字音频的形式

数字音频的形式很多，主要有三种方式：波形音频、MIDI 音频和 CD 音频。

(1) 波形音频是声音模拟信号的数字化结果，可以通过录音获取波形文件。波形音频的形成过程是，音源发出声音（机械振动）通过麦克风转换为模拟信号，模拟的声音信号经过声卡的采样、量化、编码，得到数字化的结果；

(2) MIDI 是一种国际通用的标准接口，是电子乐器之间以及电子乐器与计算机之间进行交流的标准协议。MIDI 音频件与波形音频不同，并不记录反映乐曲声音变化的声音信息，而是记录音乐节奏、位置、力度、持续时间等发音命令，所以 MIDI 文件本身并不是音乐，而是发音命令，是一些简单的描述性信息；

(3) CD 音频也是一种数字化声音，一般以 16 量化位数和 44.1kHz 采样率的立体声存储，可完全重现原始声音，是一种高质量的音频。

2. 音频文件的格式

数字音频文件的格式有很多种，其来源、功能、特点、适用的领域各不相同。常用的音频文件格式有 WAV、MP3、RA、WMA、MIDI 和 CD 等。

(1) WAV 格式是一种波形文件格式，来源于对声音模拟波形的采样，这种文件的数据是不经过压缩而直接采样记录的数据，其优点就是音质非常好，缺点是文件非常大。

(2) MP3 格式是一种波形文件格式，利用声学编码技术，结合人的听觉原理和先进的算法来压缩声音文件。其特点是的文件体积小、音质接近 CD、制作简单等，在网络和 MP3 播放机领域中广泛流行。

(3) RA 格式是一种基于流媒体技术的网络实时传输格式，属于波形文件。其特点在于可以边浏览边下载数据，而不需要文件下载完毕就可以播放。RA 格式的压缩比也非常高，但音质较差，这种格式被广泛用于网络广播，可以随网络带宽的不同而改变声音的质量，在保证可以听到流畅声音的前提下，令带宽较富裕的听众获得较好的音质。

(4) WMA 是波形文件格式，它也是一种基于流媒体技术、适合网络传输的音频数据格式，压缩比也很高，但同时还能保持一定的音质效果，其优势在于可制作版权保护，甚至可以限制播放的次数、机器和播放时间等。

(5) MIDI 格式是目前成熟的音乐格式之一，其作用是让电子乐器之间、电子乐器和计算机之间通过一种通用的 MIDI 通信协议进行通信，从而方便作曲、编曲等操作，最大的特点就是文件非常小。不同的音频硬件设备会带来不同的音质，声音质量完全依赖硬件设备。

(6) CD 格式是 CD 唱片采用的格式，记录的是波形流，音质效果很好，缺点是文件太大。

在音频处理中，还会遇到一些其他的音频文件格式，例如 CMF 文件、MOD 文件 AIF 文件等，但在网页动画设计中最常用的格式是 MP3 和 WMA 格式。

4.2　录制声音

Adobe Audition 软件是一款专业级的音频工具，之前叫作 Cool Edit Pro。Adobe Audition 提供了高级混音、编辑、控制和特效处理能力，允许用户编辑个性化的音频文件，引进了 45 个以上的 DSP 特效以及高达 128 个音轨。广泛支持工业标准音频文件格式，包括 WAV、AIFF、MP3、MP3、PRO 和 WMA，还能够利用高达 32 位的位深度来处理文件，取样速度超过 192kHz，从而能够以最高品质的声音输出磁带、CD、DVD 或 DVD 音频。通过这款软件可以完成对声音的录制和编辑。

下面通过 Adobe Audition cs6 软件进行录音。

1. 启动 Adobe Audition cs6 后，如图 4－1 所示。

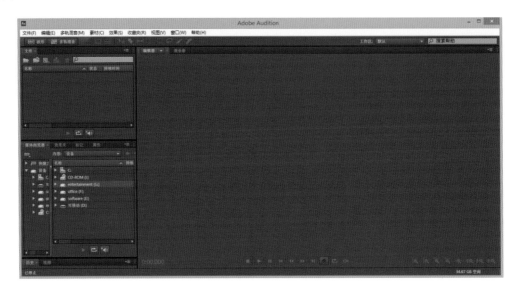

图 4－1　Adobe Audition cs6 软件界面

2. 单击"视图"→"波形编辑器"，开启录音模式，如图 4－2 所示。

图 4－2　菜单栏的录音模式

也可直接左键单击红色的录音按钮，出现如图 4－3 所示。

图 4－3　快捷菜单的录音模式

3. 单击波形按钮或者左键单击录音按钮
后，弹出新波形对话框，如图 4 - 4 所示，然
后重新命名录音文件，选择需要的样本速率，
声道和脉冲位。

确定后，可以看到录音按钮开始闪烁，即
自动开始录音，如图 4 - 5 所示。

图 4 - 4　录音属性选项

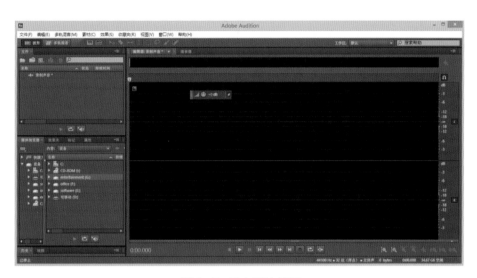

图 4 - 5　录音开始界面

4.3　音频处理

在网页动画音频处理过程中，需要利用音频编辑软件对声音文件进行编辑和处理，包括音频文件格
式转化、音频剪辑和音频编辑。下面使用 Adobe Audition cs6 软件混合多个音乐来制作一段背景音乐：

1. 导入一段音乐，单击"文件"→"打开"，打开需要编辑的音乐，如图 4 - 6 所示。

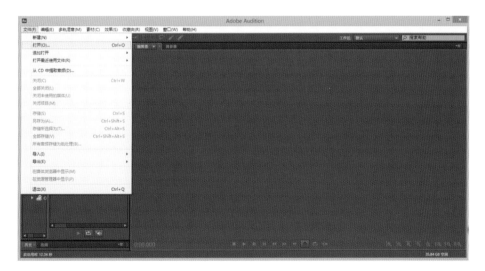

图 4 - 6　菜单选项导入音乐

2. 利用鼠标选择不需要的音乐段落，单击"编辑"→"删除"将其删除，如图 4-7 所示。

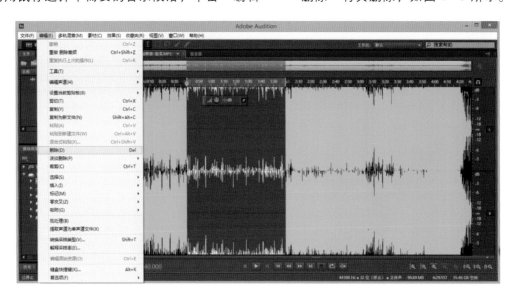

图 4-7　编辑音乐段落

3. 导入需要的另一段音乐，单击"文件"→"追加打开"选项，打开需要混合的音乐，如图 4-8 所示。

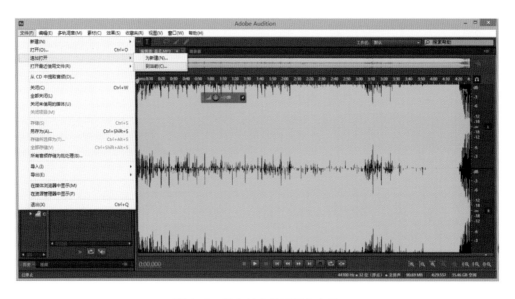

图 4-8　导入并合并不同的音乐

4. 单击"文件"→存储为，选择保存的类型和位置，如图 4-9 所示，保存音乐。

4.4　音效添加

1. 导入声音

Flash 可以一次性导入一个或多个声音文件存在库中，以便于在动画制作过程中有选择地使用。和其他符号一样，一个声音文件可以在动画中的不同地方使用。

(1) 打开 Flash 软件，单击"文件"→"导入"，选择"导入到库"，出现如图 4-10 所示。

4

第 4 章　网页动画的声音处理

图 4-9　保存音乐

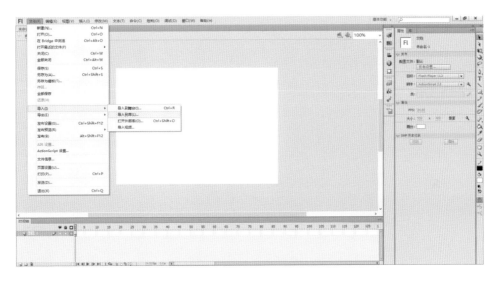

图 4-10　Flash 中导入声音

(2) 弹出"导入到库"对话框，出现如图 4-11 所示。选择要导入的文件类型和文件名。

图 4-11　导入音乐对话框

2. 添加声音

（1）在 Flash 中新建一个图层，命名为"声音"，将这一层作为一个放置声音文件的层，如图 4 - 12 所示。

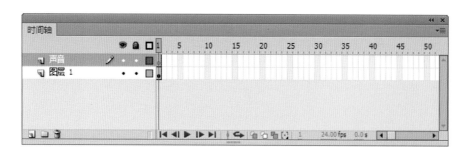

图 4 - 12　创建声音层

（2）选择"声音"层，在"属性"面板"声音"选项中选择导入的声音文件，就可将声音文件添加进来。

3. 设置声音属性

在输出一个带有声音的动画时，声音属性的设置对动画的大小和质量有着很大的影响。Flash 提供了设置声音属性的功能，可以设定声音的效果、同步、播放的起点和终点，调节声音幅度，采样率，压缩率等。

（1）设置声音效果

① 选择声音播放的效果

在"声音"层属性栏的"效果"中有一些选项，如图 4 - 14 所示，可以增加声音播放效果，例如，选择"淡入"，那么声音就可以渐渐出现，选择"淡出"，声音就可以渐渐消失。单击"编辑"按钮，可以再进一步编辑声音效果。

图 4 - 13　选择导入的声音文件

图 4 - 14 声音"效果"选项

② 设定声音播放的起点和终点

a. 选中要编辑的声音层，单击"属性"面板上的"编辑声音封套"按钮，弹出"编辑封套"对话框，如图 4 – 15 所示，时间轴上的左右边滑块分别表示声音的"开始时间"和"结束时间"。

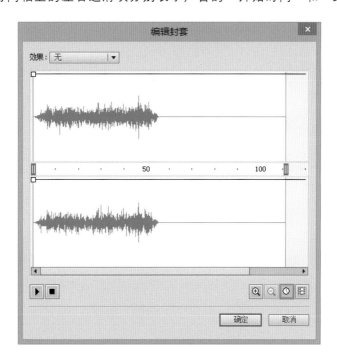

图 4 – 15　"编辑封套"对话框

b. 利用鼠标拖动"开始时间"和"结束时间"滑块到需要的位置，重新定义声音的起点和终点，出现如图 4 – 16 所示。位于起点和终点之间的声音段是可以播放的声音，而起点以前和终点后的部分是被删除的声音段。

图 4 – 16　设置声音的起点和终点

③ 调节声音的幅度

在"编辑封套"对话框中的幅度线上使用鼠标拖动声音幅度调节控点到不同位置实现对声音幅度的调节，出现如图4-17所示。

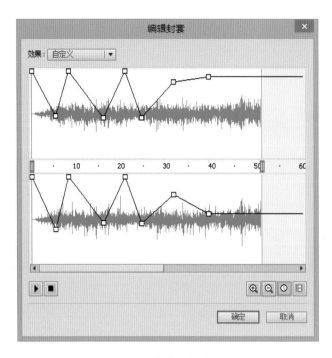

图4-17 调节声音幅度对话框

(2) 设置声音同步

在"声音"层属性栏"同步"的第一个选项菜单中有四个参数选项。

·事件：声音必须完全下载才能播放，且不与动画同步。除非遇到明确指令，否则声音会一直播放到结束，并且到了下一轮又会重新播放，如果声音文件比动画长，就会造成声音的重叠。

·开始：声音不与动画同步，也不会造成声音重叠。它与事件不同，等到前一轮播放结束后再开始，在前一轮播放没有结束的情况下，到了下一轮不会马上开始。它会在播放音效前先侦测同一音效是否正在播放。如果发现同一音效正在播放，就会直接忽略播放音效的设定。

·停止：使声音从影片中的某一帧开始停止播放。

·数据流：声音与动画同步播放。只要下载一部分，声音就可开始播放，并与动画同步。在浏览过程中，可能会因为保持声音与画面的同步，而放慢画面的播放速度。

图4-18 声音"同步"选项

在"同步"的第二个选项菜单中有两个参数选项，一个是"重复"，一个是"循环"。选择"重复"，还可以输入一些数值，这是设置可以重复播放多少次，默认参数是1。若是需要可以重复多次，不用担心所设置的数值太大会增大文件体积，无论设置多少次，Flash只存储一份。选择"循环"，声音就可以无限制地循环播放。

（3）设置声音属性

在输出有声音的动画时，可以根据实际需要来考虑动画大小和声音质量的高低，通过调节声音的属性输出高质量的动画。

① 选择"库"面板上的声音文件再单击右键，弹出快捷菜单，如图4-19所示。

② 在菜单中选择"属性"，弹出"声音属性"对话框，出现如图4-19所示。单击"压缩"下拉式列表按钮，选择网页动画输出时声音的压缩方式。

Flash提供的压缩方式有默认、ADPCM,、MP3、原始和语音这5种选项，并且可以调节声音的声道，比特率以及音质。单击选中"预处理"复选框，可以将立体声转换为单声道声音，若所选声音不是立体声，此选项无效；"比特率"下拉式列表中可以选择声音的采样率，采样率越高，音效越好，文件相对也越大；"品质"下拉式列表中选择"快速"可以减小动画文件的大小，选择"中"和"最佳"则可以获得较好的声音质量。

设置完成后，单击对话框中的"测试"按钮，预听设置后的声音，得到满意的效果后，单击"确定"按钮应用所选择的声音属性。

图4-19　设置库面板上的声音属性

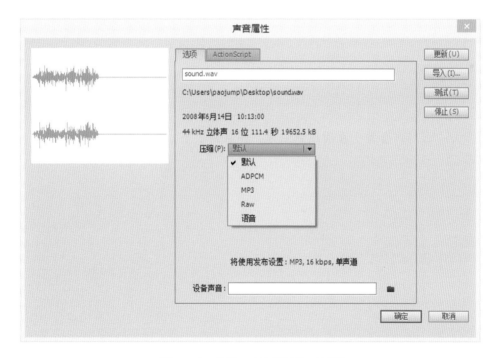

图4-20　设置"声音属性"对话框

作业要求

1. 填空题

（1）数字音频指的是一个用来表示声音_____的数据序列。

（2）网页动画中使用的声音类型有_____和_____。

（3）数字音频的_____方式就是数字音频格式。

（4）Flash 提供了设置声音属性的功能，可以设定_____、_____和_____。

2. 选择题

（1）声音的采样率不包括下面那一种？（　　　）

    A. 44.1 kHz   B. 22.05 kHz   C. 11.025 kHz   D. 10.05 kHz

（2）以下哪种比特率的声音还原后的音质最好？（　　　）

    A. 4 位   B. 8 位   C. 12 位   D. 16 位

（3）标准格式的 WAV 文件采用_____的采样频率

    A. 44.1 kHz   B. 22.05 kHz   C. 11.025 kHz   D. 10.05 kHz

（4）Adobe Audition 设置声音效果，在_____对话框中调节声音幅度。

    A. 库   B. 导入到库   C. 编辑封套   D. 声音属性

3. 问答题

（1）什么是数字音频？

（2）数字音频的两个重要参数是什么？它们是如何影响声音质量？

（3）网页动画中声音有哪两种类型？

（4）简述网页动画中常用的声音文件格式。

4. 实践题

（1）用 Adobe Audition 软件混合多个音频文件来制作一段背景音乐。

（2）为一个 Flash 动画文件添加声音。

（3）设置一个 Flash 动画文件的声音效果。

第 5 章　网页动画合成设计

学习目标与要求

◆ 通过本章的学习，了解网页动画合成设计的方法和流程，通过对网页 Banner 广告动画设计和网站片头动画设计范例的练习，掌握网页动画的合成设计。

学习重点

◆ 领会并掌握网页动画设计的方法和流程。

学习难点

◆ 动画静态视觉艺术设计和动画表现形式在网页动画合成设计中的灵活运用。

网页动画在网络上的应用一是作为网站页面的构成部分；二是作为一种独立的动画类型——网络动画片而存在。网页动画作为网站页面的构成部分，在网页中的应用主要有以下几种：网页 Banner 广告动画、网页交互动画、网站片头动画、网站首页动画等。动画在网页上有不同的应用，但其合成设计的方法和流程都是相同的。

5.1　网页动画合成设计的方法和流程

动画在网页上的应用不同于网络动画片的设计，网络动画片的设计与传统的动画设计过程没有什么太大的区别，同样要经历剧本创作、造型设计、场景设计、分镜头画面设计、原动画制作、配音以及后期合成等。但作为页面构成部分的网页动画的设计与网络动画片的设计有很大的区别，其设计的过程往往是将一个静态的视觉变成一个动态视觉的过程。网页设计是平面设计的一种衍生，设计的原理、方法和页面的构成形式与平面设计有很大的相似性，其不同是媒介的不同和网页是动态的并具有交互性。网页动画作为网页的构成部分，其设计的方法应该是在静态视觉的基础上加上动态的元素和交互功能，将一个静态的视觉画面变成一个动态的视觉形象，以达到吸引眼球引起注意和产生交互的目的。

网页动画设计的流程

1. 创意构思

在创意设计上采用一些能表达动画主题，并具有一定视觉冲击力的图形、图像、文字、色彩和声音等视听元素来表现，吸引观众的注意，并用一些动画形式使这些元素运动出现，引导观众的视觉流程，从而达到传达信息的目的。在视觉表现上可以采用单镜头和多镜头的形式表现，如图5-1所示的动画是基于单个镜头的表现的动画，如图5-2所示的动画是基于多个镜头的表现的动画。

图5-1 果饮忍者中文网首页动画设计

图 5-2　盛唐卷烟网站片头动画设计

在单镜头和多镜头的表现中都有动态元素在其中的应用，动态元素的运动首先是镜头中的主要元素在运动，其次是镜头中的辅助元素在运动。

2. 动画静态视觉艺术设计

网页动画的设计过程是将一个静态的视觉变成一个动态视觉的过程，同时在动画的设计上要遵循"从后向前"做的原则。动画的播放是按照"从前向后"的顺序播放的，而动画的制作过程往往是相反的。因此，在进行动画设计时，首先要确定一个动作结束时的静态视觉效果，再逆向完成动画的运动过程，如图 5-3 所示。

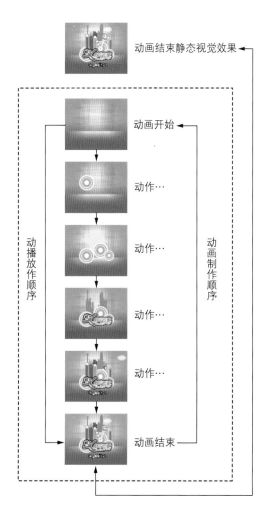

图 5-3　动画的运动过程

3. 动画表现形式的应用

　　动画中的视觉元素要产生运动，就要用到网页动画的形式，将逐帧动画、形状补间、运动补间、运动引导、遮罩动画、脚本动画和插件动画等动画形式加以灵活应用，产生动画效果，如图5－4、图5－5和图5－6所示，为色爵网站的动画设计，在静态视觉效果的基础上，使用了遮罩动画和运动引导动画等形式。

图5－4　色爵网页动画

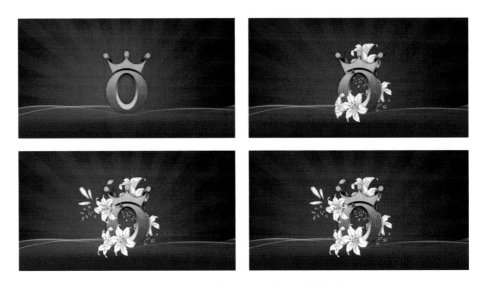

图5－5　使用遮罩动画形式使背景图逐渐出现

4. 声音的添加

　　网页动画为了增强效果，除了追求视觉上的表现，还需通过添加音效来渲染气氛，音效的添加要根据动画表现的主题来选择。添加音效的动画一般在网页片头动画和首页动画中应用得比较多，可以通过音效丰富网站的表现效果，更好地表现设计的主题，但网页动画中的音效文件不可太大，会影响动画的播放。需要注意的是，不是所有的网页动画都适合添加音效，比如网页 Banner 广告动画通常不添加音效，因为 Banner 广告要求在很短的时间内迅速传达信息，动画播放时间一般不长，通常一个页面上不止一个 Banner 广告动画，如果各自发出不同的声音，会使页面在听觉上失去秩序，也会影响页面的下载速度。

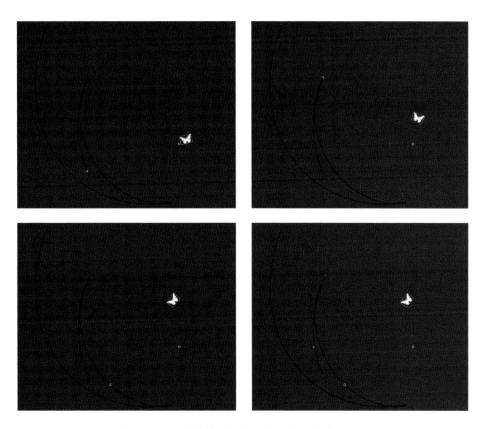

图 5-6 使用运动引导动画形式使蝴蝶自由飞行

5. 发布

动画设计完成后,通过测试和调整,将其发布成 Flash 文件格式,再上传到网站上,完成整个动画的设计过程。

5.2 网页 Banner 广告动画设计

下面以"FLASH-网页动画创意大赛"Banner 广告动画设计为例,如图 5-7 所示,阐述 Banner 广告动画的设计过程。

图 5-7 Banner 广告动画设计

5.2.1 创意构思

在创意设计上采用具有一定视觉冲击力的图形符号和文字元素以及绛红的色彩来表现动画主题,在动画形式上采用运动补间和逐帧动画使这些元素运动出现,在视觉表现上采用单镜头的视觉形式表现,如图 5-8 所示为其动画运动的过程。

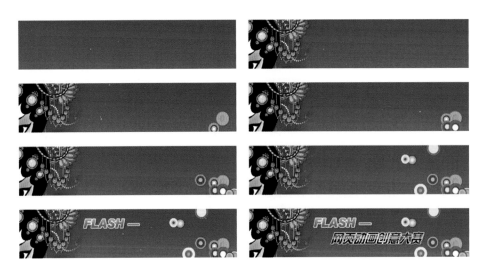

图 5 - 8　动画运动的过程

5.2.2　动画静态视觉艺术设计

1. 设置文档属性

新建一个 Flash 文档，设置文档属性，尺寸为宽 1000 像素，高 208 像素，背景颜色为白色，帧频为每秒 12 帧，如图 5 - 9 所示。

2. 设置图层

(1) 将图层 1 命名为"背景"。

(2) 在"背景"层的第 1 帧上，单击工具栏中的矩形工具按钮▣，绘制一个长方形，在属性栏设置其尺寸为宽 1000 像素，高 208 像素，X 和 Y 的值都为 0，使图形覆盖整个舞台。

(3) 单击菜单"窗口"→"颜色"，弹出"颜色"面板，在"类型"中选择"线性"，设置左边的颜色值为♯BC0813，右边的颜色值为♯E20A17，如图 5 - 10 所示。

图 5 - 9　设置文档属性

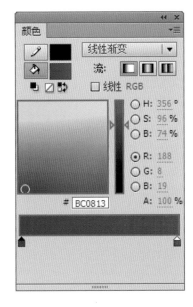

图 5 - 10　设置"颜色"面板

（4）选择工具栏中的颜料桶工具，在"背景"层的图形上单击，就填充了一个线性渐变的颜色，再选择渐变变形工具，调整颜色渐变的方向，如图5-11所示。

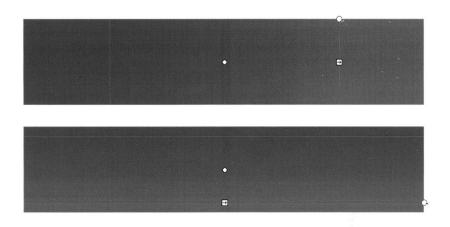

图5-11　调整颜色渐变的方向

（5）新建一个图层命名为"图片"。

（6）在"图片"层的第1帧上，单击菜单"文件"→"导入"→"导入到舞台"，弹出"导入"对话框，选择本书配套"素材"文件夹中的"图片.jpg"文件，如图5-12所示，再单击"打开"按钮，就将一张图片导入到舞台上了。

图5-12　导入对话框

（7）设置导入图片的尺寸为宽300像素，高208像素，X和Y的值都为0，使图片与舞台左对齐，如图5-13所示。

图5-13　设置导入的图片

（8）新建 11 个图层，分别命名为"圈圈 1"、"圈圈 2"、"圈圈 3"、"圈圈 4"、"圈圈 5"、"圈圈 6"、"圈圈 7"、"圈圈 8"、"圈圈 9"、"圈圈 10"、"圈圈 11"，并分别在这些图层上绘制如图 5－14 所示的图形。

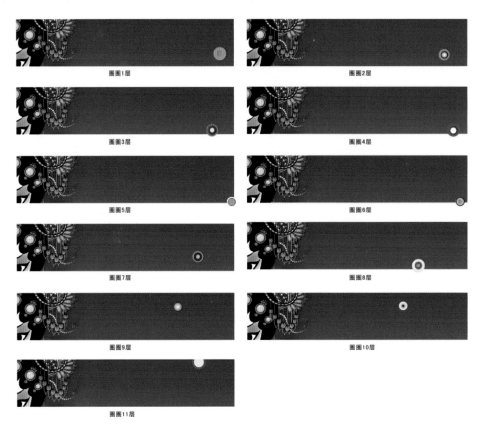

图 5－14　绘制圈圈图形

（9）新建一个图层，命名为"文字 1"。在这一层上输入文字"FLASH－"，设置字体效果为图 5－15 所示。

图 5－15　设置字体效果

（10）新建一个图层，命名为"文字 2"。在这一层上输入文字"网页动画创意大赛"，设置字体效果为图 5－16 所示。

图 5－16　设置字体效果

设置完成的图层如图 5 - 17 所示。

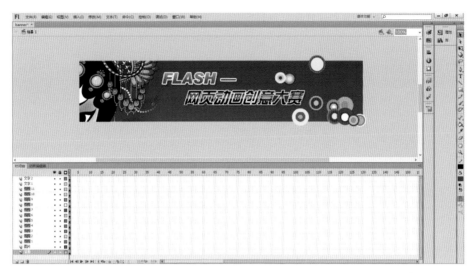

图 5 - 17　图层设置

5.2.3　动画表现形式的应用

1. 转换元件

（1）在"图片"层的第 1 帧上，选择导入的图片，单击菜单"修改"→"转换为元件"或按 F8 键，弹出"转换为元件"的对话框，如图 5 - 18 所示，在"名称"栏中输入"背景图"，在"类型"中选择"图形"，单击"确定"以后，就新建了一个名为"背景图"的图形元件。

（2）分别选中"圈圈 1"、"圈圈 2"、"圈圈 3"、"圈圈 4"、"圈圈 5"、"圈圈 6"、"圈圈 7"、"圈圈 8"、"圈圈 9"、"圈圈 10"、"圈圈 11"层上的圈圈图形，将其分别转换成名称为"圈圈 1"、"圈圈 2"、"圈圈 3"、"圈圈 4"、"圈圈 5"、"圈圈 6"、"圈圈 7"、"圈圈 8"、"圈圈 9"、"圈圈 10"、"圈圈 11"的图形元件。

2. 时间轴设置

（1）在"背景"层的第 150 帧，按 F5 键插入一个帧。

（2）在"图片"层的第 15 帧，按 F6 键插入一个关键帧。单击第 1 帧上的"背景图"图形元件，在属性栏中选择"色彩效果"，设置其透明度 Alpha 为 0%，如图 5 - 19 所示。

图 5 - 18　图片转换为元件

图 5 - 19　设置图片透明度

（3）在"图片"层的第 1 和 15 帧之间任意一帧单击鼠标右键，在弹出的菜单中选择"创建传统补间"，如图 5 - 20 所示，就创建了一个传统补间的动画。

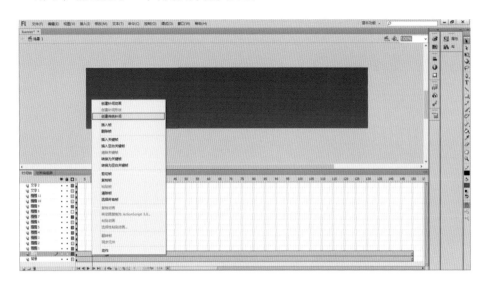

图 5 - 20　设置动作补间

（4）将"圈圈 1"层的第 1 帧移到 15 帧，在第 20 帧按 F6 键插入一个关键帧，在第 150 帧，按 F5 键插入一个帧。将第 15 帧上的图形元件移到舞台外面，在第 15 和 20 帧之间任意一帧单击鼠标右键，在弹出的菜单中选择"创建传统补间"。

（5）将"圈圈 2"层的第 1 帧移到 17 帧，在第 22 帧按 F6 键插入一个关键帧，在第 150 帧，按 F5 键插入一个帧。将第 17 帧上的图形元件移到舞台外面，在第 15 和 20 帧之间任意一帧单击鼠标右键，在弹出的菜单中选择"创建传统补间"。

（6）将"圈圈 3"层的第 1 帧移到 19 帧，在第 24 帧按 F6 键插入一个关键帧，在第 150 帧，按 F5 键插入一个帧。将第 19 帧上的图形元件移到舞台外面，在第 15 和 20 帧之间单击任意一帧单击鼠标右键，在弹出的菜单中选择"创建传统补间"。

（7）将"圈圈 4"层的第 1 帧移到 21 帧，在第 26 帧按 F6 键插入一个关键帧，在第 150 帧，按 F5 键插入一个帧。将第 21 帧上的图形元件移到舞台外面，在第 15 和 20 帧之间单击任意一帧单击鼠标右键，在弹出的菜单中选择"创建传统补间"。

（8）将"圈圈 5"层的第 1 帧移到 23 帧，在第 28 帧按 F6 键插入一个关键帧，在第 150 帧，按 F5 键插入一个帧。将第 23 帧上的图形元件移到舞台外面，在第 15 和 20 帧之间单击任意一帧单击鼠标右键，在弹出的菜单中选择"创建传统补间"。

（9）将"圈圈 6"层的第 1 帧移到 25 帧，在第 30 帧按 F6 键插入一个关键帧，在第 150 帧，按 F5 键插入一个帧。将第 25 帧上的图形元件移到舞台外面，在第 15 和 20 帧之间单击任意一帧单击鼠标右键，在弹出的菜单中选择"创建传统补间"。

（10）将"圈圈 7"层的第 1 帧移到 27 帧，在第 32 帧按 F6 键插入一个关键帧，在第 150 帧，按 F5 键插入一个帧。将第 27 帧上的图形元件移到舞台外面，在第 15 和 20 帧之间单击任意一帧单击鼠标右键，在弹出的菜单中选择"创建传统补间"。

（11）将"圈圈 8"层的第 1 帧移到 29 帧，在第 34 帧按 F6 键插入一个关键帧，在第 150 帧，按 F5 键插入一个帧。将第 29 帧上的图形元件移到舞台外面，在第 15 和 20 帧之间单击任意一帧单击鼠标右键，在弹出的菜单中选择"创建传统补间"。

（12）将"圈圈9"层的第 1 帧移到 31 帧，在第 36 帧按 F6 键插入一个关键帧，在第 150 帧，按 F5 键插入一个帧。将第 31 帧上的图形元件移到舞台外面，在第 15 和 20 帧之间单击任意一帧单击鼠标右键，在弹出的菜单中选择"创建传统补间"。

（13）将"圈圈10"层的第 1 帧移到 33 帧，在第 38 帧按 F6 键插入一个关键帧，在第 150 帧，按 F5 键插入一个帧。将第 33 帧上的图形元件移到舞台外面，在第 15 和 20 帧之间单击任意一帧单击鼠标右键，在弹出的菜单中选择"创建传统补间"。

（14）将"圈圈11"层的第 1 帧移到 35 帧，在第 40 帧按 F6 键插入一个关键帧，在第 150 帧，按 F5 键插入一个帧。将第 35 帧上的图形元件移到舞台外面，在第 15 和 20 帧之间单击任意一帧单击鼠标右键，在弹出的菜单中，选择"创建传统补间"。

（15）将"文字 1"层的第 1 帧移到 40 帧，在第 50 帧按 F6 键插入一个关键帧，在第 150 帧，按 F5 键插入一个帧。将第 40 帧上的"文字 1"图形元件移到舞台外面，在第 40 和 50 帧之间单击任意一帧单击鼠标右键，在弹出的菜单中选择"创建传统补间"。

（16）将"文字 2"层的第 1 帧移到 50 帧，在第 60 帧按 F6 键插入一个关键帧，在第 150 帧，按 F5 键插入一个帧。将第 50 帧上的"文字 2"图形元件移到舞台外面，在第 50 和 60 帧之间单击任意一帧单击

第62帧"文字2"图形元件

第66帧"文字2"图形元件

第70帧"文字2"图形元件

第74帧"文字2"图形元件

图 5-21　调整第 62、66、70 和 74 上的"文字 2"图形元件

鼠标右键，在弹出的菜单中选择"创建传统补间"。

（17）在"文字2"层的第62、64、66、68、70、72、74、76帧上按F6键插入关键帧，第64、68、72、76帧上的"文字2"图形元件保持不变。调整第62、66、70和74上的"文字2"图形元件如图5-21所示。

动画设置完成，完成后的时间轴如图5-22所示。

图 5-22　动画设置完成后的时间轴

5.2.4　发布

单击菜单"控制"→"测试影片"或按 Ctrl+Enter 键，测试影片，就看到了"FLASH-网页动画创意大赛"Banner广告的动画设计。

5.3　网站片头动画设计

下面以"山水名城"楼盘网站片头动画设计为例，如图5-23所示，阐述网站片头动画的设计过程。

图 5-23　"山水名城"楼盘网站片头动画设计

5.3.1　创意构思

在创意设计上采用具用山水自然美景图片和楼盘建筑效果图为背景来表现动画主题，在视觉表现上采用多镜头的视觉形式表现，如图 5-24、图 5-25 和图 5-26 所示为其动画三个镜头的画面，在动画形式上采用运动补间、遮罩动画、运动引导和逐帧动画使动画镜头切换，小鸟在湖面上飞翔和水波荡漾，并用优美的背景音乐渲染整个气氛，创造"山水名城"楼盘人间仙境的自然美景。

图 5-24　镜头一

图 5-25　镜头二

5.3.2　镜头一动画

1. 设置文档属性

新建一个 Flash 文档，设置文档属性，尺寸为宽 1100 像素，高 600 像素，背景颜色为白色，帧频为每秒 12 帧。

图 5-26 镜头三

2. 动画静态视觉艺术设计

(1) 将图层 1 命名为"背景"。

(2) 在"背景"层的第 1 帧上，单击菜单"文件"→"导入"→"导入到舞台"，弹出"导入"对话框，选择本书配套"素材"文件夹中的"背景-1.jpg"文件再单击"打开"按钮，就将一张图片导入到舞台上了，如图 5-27 所示。

图 5-27 导入的背景图

(3) 新建一个图层命名为"镜头一图片"。

(4) 在"镜头一图片"层的第 1 帧上，单击菜单"文件"→"导入"→"导入到舞台"，弹出"导入"对话框，选择本书配套"素材"文件夹中的"图片 1.png"文件，再单击"打开"按钮，就将一张图片导入到舞台上了。

(5) 设置导入图片的位置为 X：0 和 Y：172.0，使图片与舞台底对齐，如图 5-28 所示。

图 5-28　设置导入的图片

3. 动画表现形式的应用

（1）转换元件

① 在"背景"层的第 1 帧上，选择导入的图片，单击菜单"修改"→"转换为元件"或按 F8 键，弹出"转换为元件"的对话框，如图 5-29 所示，在"名称"栏中输入"背景"，在"类型"中选择"图形"，单击"确定"以后，就新建了一个名为"背景图"的图形元件。

② 在"镜头—图片"层的第 1 帧上，选择导入的图片，单击菜单"修改"→"转换为元件"或按 F8 键，弹出"转换为元件"的对话框，在"名称"栏中输入"镜头—图片"，在"类型"中选择"图形"，单击"确定"以后，就新建了一个名为"镜头—图片"的图形元件。

（2）时间轴设置

① 分别在"背景"层的第 110 帧和第 125 帧，按 F6 键插入关键帧。

② 单击"背景"层第 125 帧上的"背景"图形元件，在属性栏中选择"色彩效果"，设置其透明度 Alpha 为 0%，如图 5-30 所示。

图 5-29　图片转换为元件

图 5-30　设置图片透明度

③ 在"背景"层的第 110 帧和第 125 帧之间任意一帧单击鼠标右键，在弹出的菜单中选择"创建传统补间"，如图 5-31 所示，就创建了一个动作补间的动画。

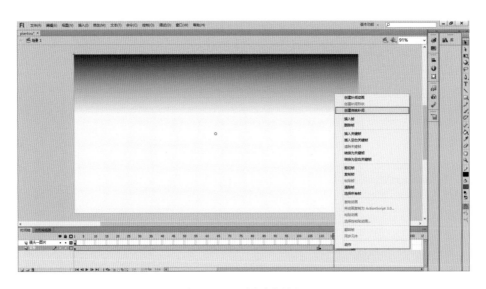

图 5-31　设置动作补间

④ 分别在"镜头一图片"层的第 15 帧、40 帧和第 55 帧上，按 F6 键插入关键帧。

⑤ 单击"镜头一图片"层第 1 帧上的"镜头一图片"图形元件，在属性栏中选择色彩效果，设置其透明度 Alpha 为 0%。

⑥ 单击"镜头一图片"层第 5 帧上的"镜头一图片"图形元件，在属性栏中选择色彩效果，设置其透明度 Alpha 为 0%。

⑦ 在"镜头一图片"层的第 1 帧和第 15 帧之间任意一帧单击鼠标右键，在弹出的菜单中选择"创建传统补间"，创建一个动作补间的动画。

⑧ 在"镜头一图片"层的第 40 帧和第 55 帧之间任意一帧单击鼠标右键，在弹出的菜单中选择"创建传统补间"，创建一个动作补间的动画。

5.3.3　镜头二动画

1. 动画静态视觉艺术设计

（1）新建一个图层命名为"镜头二图片"。

（2）在"镜头二图片"层的第 56 帧上，单击菜单"文件"→"导入"→"导入到舞台"，弹出"导入"对话框，选择本书配套"素材"文件夹中的"图片 2. png"文件，再单击"打开"按钮，就将一张图片导入到舞台上了。

（3）设置导入图片的位置为 X：0 和 Y：172.0，使图片与舞台底对齐，如图 5-32 所示。

2. 动画表现形式的应用

（1）转换元件

在"镜头二图片"层的第 56 帧上，选择导入的图片，单击菜单"修改"→"转换为元件"或按 F8 键，弹出"转换为元件"的对话框，在"名称"栏中输入"镜头二图片"，在"类型"中选择"图形"，单击"确定"以后，就新建了一个名为"镜头二图片"的图形元件。

（2）时间轴设置

① 分别在"镜头二图片"层的第 70 帧、110 帧和第 125 帧上，按 F6 键插入关键帧。

② 单击"镜头二图片"层第 56 帧上的"镜头二图片"图形元件，在属性栏中选择色彩效果，设置其透明度 Alpha 为 0%。

图 5 - 32　设置导入的图片

③ 单击"镜头二图片"层第 125 帧上的"镜头二图片"图形元件，在属性栏中选择色彩效果，设置其透明度 Alpha 为 0%。

④ 在"镜头二图片"层的第 57 帧和第 70 帧之间任意一帧单击鼠标右键，在弹出的菜单中选择"创建传统补间"，创建一个动作补间的动画。

⑤ 在"镜头二图片"层的第 110 帧和第 125 帧之间任意一帧单击鼠标右键，在弹出的菜单中选择"创建传统补间"，创建一个动作补间的动画。

5.3.4　镜头三动画

1. 动画静态视觉艺术设计

(1) 单击"插入图层文件夹"按钮，创建一个名为"镜头三"的图层文件夹。

(2) 在"镜头三"图层文件夹中，新建一个图层，命名为"镜头三背景"

(3) 在"镜头三背景"层的第 110 帧上，单击菜单"文件"→"导入"→"导入到舞台"，弹出"导入"对话框，选择本书配套"素材"文件夹中的"背景－2. jpg"文件再单击"打开"按钮，就将一张图片导入到舞台上了，如图 5 - 33 所示。

图 5 - 33　导入的背景图

（4）新建一个图层，命名为"镜头三图片"。

（5）在"镜头三图片"层的第 110 帧上，单击菜单"文件"→"导入"→"导入到舞台"，弹出"导入"对话框，选择本书配套"素材"文件夹中的"图片 3.jpg"文件再单击"打开"按钮，就将一张图片导入到舞台上了。

（6）设置导入图片的位置为 X：555.0 和 Y：600.0，使图片与舞台底对齐，如图 5-34 所示。

图 5-34　设置导入的图片

（7）新建一个图层，命名为"logo"，在这一层的第 110 帧上绘制"山水名城"logo 图形，如图 5-35 所示。

图 5-35　绘制 logo 图形

2. 动画表现形式的应用

（1）转换元件

① 在"镜头三背景"层的第 110 帧上，选择导入的图片，单击菜单"修改"→"转换为元件"或按 F8 键，弹出"转换为元件"的对话框，在"名称"栏中输入"镜头三背景"，在"类型"中选择"图形"，单击"确定"以后，就新建了一个名为"镜头三背景"的图形元件。

② 在"镜头三图片"层的第 110 帧上，选择导入的图片，单击菜单"修改"→"转换为元件"或按 F8 键，弹出"转换为元件"的对话框，在"名称"栏中输入"镜头三图片"，在"类型"中选择"图形"，

单击"确定"以后，就新建了一个名为"镜头三图片"的图形元件。

③ 选择"logo"层上的 logo 图形，单击菜单"修改"→"转换为元件"或按 Ctrl + F8 键，弹出"转换为元件"的对话框，在"名称"栏中输入"logo"，在"类型"中选择"图形"，单击"确定"以后，就创建了一个名为"logo"的图形元件。

（2）创建"水波"影片剪辑

① 单击菜单"插入"→"新建元件"，弹出"创建新元件"对话框，在"名称"栏中输入"水波"，在"类型"中选择"影片剪辑"，单击"确定"以后，就创建了一个名为"水波"的影片剪辑元件。

② 在"水波"影片剪辑元件中，单击菜单"窗口"→"库"，弹出"库"面板，将其"jpg"文件，拖移到"图层 1"的第 1 帧上，再单击菜单"修改"→"分离"，将图片打碎。

③ 选择绘图工具栏中的铅笔工具 ，将"铅笔模式"设置为"平滑"。用铅笔工具沿着"图层 1"图片上的湖面绘制一条曲线，如图 5 - 36 所示。删除曲线和湖面以外的图形，如图 5 - 37 所示。

图 5 - 36　绘制曲线

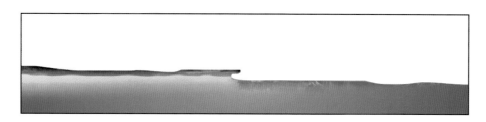

图 5 - 37　删除图形

④ 在图层 1 上新建一个图层，命名为"遮罩"，在"遮罩"层上绘制如图 5 - 38 所示的图形。

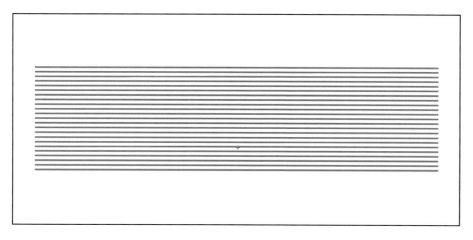

图 5 - 38　绘制图形

⑤ 选中绘制的图形，单击菜单"修改"→"转换为元件"或按 Ctrl + F8 键，将其转换成名为"遮罩"的图形元件。

⑥ 在图层 1 的第 55 帧，按 F5 键，插入一个帧，在"遮罩"层的第 55 帧，按 F6 键，插入一个关键帧。

⑦ 设置"遮罩"层第 1 帧"遮罩"图形元件的位置如图 5-39 所示。

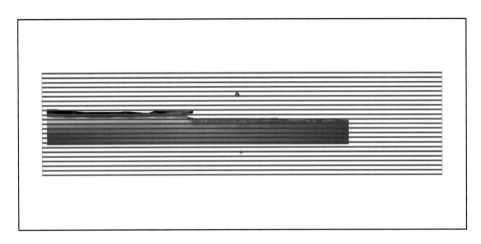

图 5-39   "遮罩"图形元件第 1 帧的位置

⑧ 设置"遮罩"层第 55 帧"遮罩"图形元件的位置如图 5-40 所示。

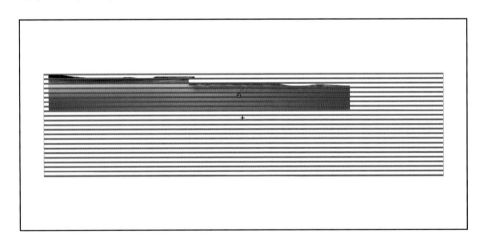

图 5-40   "遮罩"图形元件第 55 帧的位置

⑨ 在"遮罩"层的第 1 帧和第 55 间单击，在属性栏中的"补间"下拉列表框中选择"动画"，创建一个动作补间的动画。

⑩ 选择"遮罩"层，单击鼠标右键，选择弹出菜单中的"遮罩层"命令，将这一图层转换为遮罩层。"水波"影片剪辑的制作完成。

(3) 时间轴设置

① 在"镜头三背景"层的第 125 帧按 F6，键插入一个关键帧，第 140 帧按 F5 键，插入一个帧。

② 单击"镜头三背景"层第 110 帧上的"镜头三背景"图形元件，在属性栏中设置其透明度 Alpha 为 0%。在第 110 帧和第 125 帧之间任意一帧单击鼠标右键，在弹出的菜单中，选择"创建传统补间"，创建一个动作补间的动画。

③ 将"镜头三图片"层第 110 帧上的"镜头三图片"图形元件移到第 125 帧，在第 135 帧按 F6，键插入一个关键帧，第 140 帧按 F5 键，插入一个帧。在第 125 帧和第 135 帧之间任意一帧单击鼠标右键，在弹出的菜单中选择"创建传统补间"，创建一个动作补间的动画。

④ 在"镜头三图片"层上，新建一个图层命名为"水波"。在第 140 帧上按 F6 键，插入一个关键帧，将库中"水波"影片剪辑元件，拖移到这一帧上，设置其位置为 X：716.0，Y：627.0，使其与舞台底部对齐，如图 5-41 所示。

图 5-41　"水波"影片剪辑元件与舞台底部对齐

⑤ 在"水波"层上，新建一个图层命名为"鸟飞"，在第 140 帧上按 F6 键，插入一个关键帧。

⑥ 打开本书配套"素材"文件夹中的"鸟飞 1.fla"文件和"鸟飞 2.fla"文件，将其"鸟飞 1"和"鸟飞 2"影片剪辑元件复制到"鸟飞"层的第 140 帧，设置其位置如图 5-42 和图 5-43 所示。

图 5-42　"鸟飞 1"影片剪辑元件在舞台的位置

图 5-43　"鸟飞 2"影片剪辑元件在舞台的位置

⑦ 将"logo"层第 110 帧上的"logo"图形元件移到第 140 帧，再单击"窗口"→"动作"，弹出"动作－帧"面板，选择"全局函数"里的"时间轴控制"中的"stop"语句，通过双击，就将"stop"语句附加到这一帧上了，使动画运行到这一帧时停止。

动画设置完成，完成后的时间轴如图 5－44 所示。

图 5－44　动画设置完成后的时间轴

5.3.5　声音的添加

1. 在"镜头三"图层文件夹上新建一个图层，命名为"背景音乐"。

2. 单击菜单"文件"→"导入"→"导入到库"，弹出"导入到库"对话框，选择本书配套"素材"文件夹中的"sound.wav"文件，将一段背景音乐导入库中。

3. 单击"背景音乐"层，在属性栏"声音"选项中，选择"sound"，"同步"选项中选择"事件"和"循环"，如图 5－45 所示。

5.3.6　发布

单击菜单"控制"→"测试影片"或按 Ctrl＋Enter 键，测试影片，就看到了"山水名城"楼盘网站的片头动画设计。

图 5－45　设置背景音乐

作业要求

1. 问答题

（1）网页动画作为网站页面的构成部分，在网页中的应用常用主要有哪几种？

（2）网页动画设计的流程大致有哪些？

（3）简述设计网页动画与设计网络动画片的区别？

（4）谈谈如何进行网页动画的创意设计？

（5）在网页动画的设计过程中，如何将动画视觉效果由静态变成动态的？

（6）网页动画合成设计中，如何处理好声音效果？

2. 实践题

完成本章节的实例操作。

第6章 网页动画的测试与发布

◆ 通过本章的学习，学会动画测试，掌握 Flash、HTML、GIF 格式发布。

学习重点

◆ 动画测试，Flash、HTML、GIF 格式发布。

学习难点

◆ Flash、HTML、GIF 格式发布的设置。

Flash 动画制作完成后，需要将其发布或导出为能够适应网络环境的动画影片格式，以便将动画应用于网页或传到网络上供用户欣赏。

在前面的学习中，已经使用到了动画测试，其方法为单击菜单栏中的"控制"→"测试影片"命令，或按 Ctrl + Enter 键，其目的在于检测动画播放的效果。在制作各个元件和动画剪辑时，应该经常进行测试，以提高动画的质量。网页动画的发布，就是将 Flash 文档保存为与互联网环境相适应的文件格式，在发布之前需进行必要的发布设置，定义发布的格式以及相应的发布质量设置，以达到最佳播放效果。

6.1 动画测试

使用 Flash 软件提供的测试环境，可以针对性地调整和优化动画。测试对象有：声音、按钮、帧动作、时间轴动画、影片剪辑、播放速度以及下载速度等，根据被测试对象的不同，可以在两种环境下测试影片，一种在编辑环境中进行测试，另一种在测试环境中进行测试。

1. 在编辑环境中进行测试

在编辑环境中能快速地进行一些简单的测试，如测试声音、时间轴动画等，通过单击"控制"→"播放"命令或按"Enter"键进行测试，如图6-1所示。单击"控制"，在弹出的下拉菜单中钩选"启用简单帧动作"和"启用简单按钮"命令，测试动画中的帧和按钮。

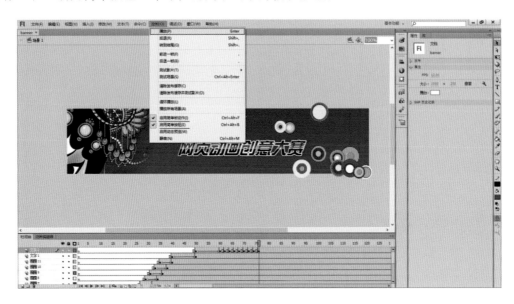

图6-1 在编辑环境中进行测试

2. 在测试环境中进行测试

对于影片剪辑，在其元件编辑环境中通过单击"控制"→"播放"命令或按"Enter"键测试声音、时间轴动画等，但对影片剪辑元件的实例引用、多个场景、脚本语言或具有动作交互时，则必须单击"控制"→"测试影片"命令或 Ctrl + Enter 键，来对影片进行测试，如图6-2所示。

但对影片剪辑元件的实例引用、多个场景、脚本语言或具有动作交互时，则必须单击"控制"→"测试影片"命令或 Ctrl + Enter 键，来对影片进行测试，如图6-2所示。

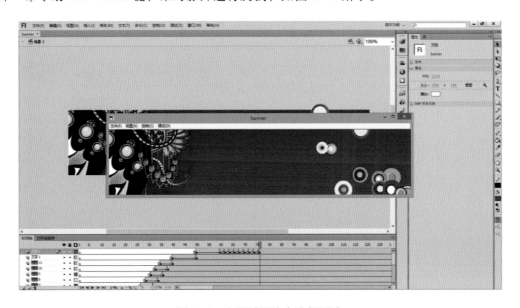

图6-2 在测试环境中进行测试

执行测试影片命令，在源文件所在的目录会生成一个格式为 swf 的文件，如图 6-3 所示。

图 6-3　同一目录下的源文件与 .swf 文件

6.2　动画发布

执行"文件"→"发布设置"命令，弹出"发布设置"对话框，如图 6-4 所示。在"发布设置"对话框中，Flash（.swf）与 HTML（.html）是发布 Flash 文档的默认格式，可以一次性发布多种格式，且每种格式均保存为指定的发布设置，可以是不同的文件命名与保存路径。

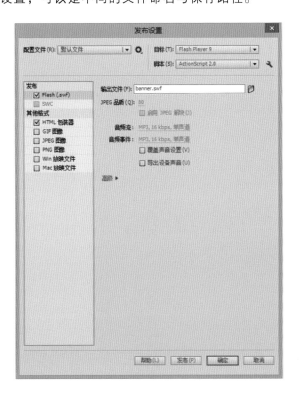

图 6-4　"发布设置"对话框

6.2.1 Flash 格式发布

创建扩展名为 .swf 的文件，保留 Flash 所有的动画功能，可以进行以下设置。

1. 打开要发布的 Flash 文档，选中"发布设置"对话框"发布"栏中的"Flash（.swf）"复选框，弹出如图 6-5 所示的"Flash（.swf）"选项卡。

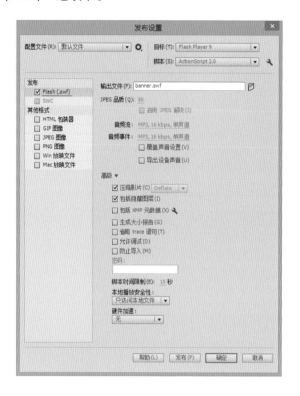

图 6-5　Flash（.swf）"选项卡

2. 以下是"Flash（.swf）"选项卡中的各个参数。

·输出文件（F）：确定输出发布文件的名称、类型及保存的位置。

·JPEG 品质（Q）：设置 Flash 动画里图片的品质，在文本框中可以设置具体的数值，若选择"启用 JPEG 解决（J）"复选框，可以启用 JPEG 解决以减少低品质设置的失真。

·音频流：Flash 中有两种声音设置，一种是音频流声音，一种是事件声音。音频流声音中，声音与动画同步播放，声音跟随时间轴的播放和暂停而做出相应响应，比如做一些动画，音画要同步的时候，就需要使用音频流声音。单击"音频流："右侧的"MP3，16kbps，单声道"，打开如图 6-6 所示的"声音设置"对话框，可重新设置声音的压缩、比特率和品质。

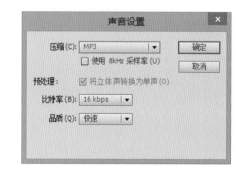

图 6-6　音频流声音设置

·音频事件：音频事件声音中，声音不与动画同步，不受时间轴的播放和暂停影响，除非遇到明确指令，否则声音会一直播放到结束，并且到了下一轮又会重新播放。单击"音频事件："右侧的"MP3，16kbps，单声道"，打开如图 6-7 所示的"声音设置"对话框，可重新设置声音的压缩、比特率和品质。

在"音频流"和"音频事件"下面有"覆盖声音设置"和"导出设备声音"复选框，选择"覆盖声

音设置"，可以覆盖在属性检查器"声音"部分中为个别声音
指定的设置，选择"导出设备声音"，可以导出适合移动设备
的声音而不是原始库声音。

·压缩影片（C）：对生成的动画进行压缩，从而减小文
件体积。

·包括隐藏图层（I）：表示 flash 动画里面包括隐藏的
图层。

图 6-7　音频事件声音设置

·包括 XMP 元数据（X）：导出输入的所有元数据，单击
"修改此文档的 XMP 元数据"按钮🔧，打开此对话框进行设
置，可以导出 SWF 文件的元数据。

·生成大小报告（G）：会生成一个记录最终输出动画各部分大小的文本文件（.txt）。

·省略 trace 语句（T）：删除导出影片中的跟踪动作，防止别人查看文件源代码。

·允许调试（D）：允许在 Flash 外部调试动画文件，同时"密码"文本框被激活。

·防止导入（M）：防止导出的影片被导入 Flash 进行编辑，可以设置导入密码。

·本地播放安全性：用于选择播放的区域，是选择本地播放还是网络播放。

3. 设置完成以后，单击"发布"按钮就发布成了一个脱离编辑环境的 Flash 格式的动画。

6.2.2　HTML 格式发布

默认情况下，HTML 格式随 Flash 格式一同发布，通过"发布设置"对话框的 HTML 选项卡，定制
HTML 格式的属性。

1. 打开要发布的 Flash 文档，选中"发布设置"对话框"发布"栏中的"HTML 包装器"复选框，弹
出如图 6-8 所示的"HTML 包装器"选项卡。

图 6-8　"HTML"选项卡

2. 以下是"HTML"选项卡中的各个参数。

·输出文件（F）：确定输出发布文件的名称、类型及保存的位置。

·模板（T）：用于从已安装的模板中选择要使用的模板。单击右侧的"信息"按钮，可查看该模板的信息说明。

检测 Flash 版本（Z）：可以检测打开当前动画所需要的最低的 Flash 版本。

版本：用于检测 Flash 版本的检测结果。

·大小（X）：用于设置插入到 HTML 文件中的 Flash 动画的宽度和高度。

·播放：用于在播放动画时进行相关设置。

开始时暂停（U）：动画在第 1 帧时处于暂停状态。

循环（D）：允许动画重复播放，但对有 stop 指令的动画无效。

显示菜单（M）：在动画中单击鼠标右键会弹出快捷菜单。

设备字体（N）：用抗锯齿的系统字体取代用户系统中未安装的字体。

·品质（Q）：用于设置动画的播放质量。

·窗口模式（O）：用于设置显示动画的窗口模式，仅适用于带有 Flash 控件的网页浏览器。

显示警告信息：若选中该复选框，可在标记设置发生冲突时显示错误消息。

·缩放（C）：设置动画在浏览器中的缩放和剪裁方式。该选项只有在文本框中输入的尺寸与动画的原始尺寸不同时才有效。

·HTML 对齐（A）：用于设置动画在网页中的位置。

·Flash 水平对齐（H）：用于设置动画在浏览器窗口中的水平对齐。

·Flash 垂直对齐（V）：用于设置动画在浏览器窗口中的垂直对齐。

3. 设置完成以后，单击"发布"按钮生成了 HTML 文件和 SWF 文件。

6.2.3 GIF 格式发布

在"发布设置"对话框中的"GIF"选项卡中，可以设定 GIF 格式的相关参数。

1. 选中"发布设置"对话框"发布"栏中的"GIF 图像"复选框，弹出如图 6-9 所示的"GIF 图像"选项卡。

2. 以下是"GIF 图像"选项卡中的各个参数。

·输出文件（F）：确定输出发布文件的名称、类型及保存的位置。

·大小：用于设置 GIF 文件的宽度和高度。若选中"匹配影片"复选框，将使文本框不起作用，GIF 文件尺寸与动画原始的宽和高一致。

·播放（B）：用于设置输出的 GIF 文件是静态的还是具有动画效果的。

·颜色：设置发布的 GIF 文件的颜色。

优化颜色（C）：删除 GIF 颜色表中所有未用过的颜色。

交错（I）：使图片在浏览器中边下载边显示。

平滑（O）：对图像进行平滑处理，使画面质量提高。

抖动纯色（D）：对图片中的色块进行抖动处理，以防止出现色带不均匀的现象。

删除渐变色（G）：渐变色的第一种颜色代替渐变色。

·透明（N）：用于设置动画背景的透明还是不透明，以及透明度。

·抖动（K）：用于选择动画的抖动方式，包括：无、有序和扩散，对应的颜色品质依次从低到高。

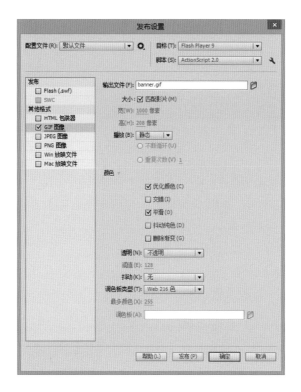

图 6 - 9　"GIF"选项卡

·调色板类型（T）：用于设置调色板的类型，由于 GIF 调色板的颜色有限，所以必须选择适当的调色板才能使导出的颜色尽可能地准确。

·最多颜色（X）：如果所设置调色板的类型为"最合适"或"接近 Web 最适色"，将激活该选项，可以在其文本框中设置所创建颜色的最大数量。

·调色板（A）：如果所设置调色板的类型为"自定义"，将激活该选项，可以在文本框中输入自定义调色板的路径，或单击文本框右边的"浏览到色板位置"按钮，在弹出的对话框中选择调色板文件。

3. 设置完成以后，单击"发布"按钮生成了 GIF 文件。

作业要求

1. 填空题

（1）_____在创建网页动画过程中应该经常进行的步骤，其目的在于检测动画播放的效果。

（2）在编辑环境中测试时间轴动画的快捷键是_____，在测试环境中测试脚本语言的快捷键是_____。

（3）网页动画的发布，就是将 Flash 文档保存为与互联网环境相适应的文件格式，如_____、_____和_____，在发布之前可以对指定格式进行必要的发布设置。

（4）在"发布设置"对话框中，_____和_____是发布 Flash 文档的默认格式。

2. 选择题

（1）在编辑环境中可以测试（　　）。

　　A. 声音　　　　B. 时间轴动画　　　　C. 脚本语言　　　　D. 下载速度

（2）创建扩展名为（　　）的文件，可以保留 Flash 所有的动画功能。

　　　　A. .swf　　　　　B. .html　　　　　C. .gif　　　　　D. .exe

（3）HTML 格式发布同时生成的两种文件格式是（　　　　）。

　　　　A. swf 和 html　　B. swf 和 gif　　　　C. html 和 gif　　　　D. swf 和 jpg

（4）如果要将 Flash 文档发布动态的 GIF 文件，则在"播放"选择区中选择（　　　　）选项。

　　　　A. 第 1 帧　　　　B. 图片　　　　　C. 动画　　　　　D. 静态

3. 问答题

（1）动画测试的方式有哪几种？

（2）Flash 动画制作完成后，发布或导出为 Flash、HTML、GIF 格式的原因。

（3）在发布之前，需要使用什么设置发布选项？如何修改发布时的默认路径和文件名？

（4）简述 Flash 格式发布的一般步骤。

4. 实践题

（1）利用前面制作的动画作品练习，熟悉动画测试的环境与方法。

（2）创建一个 Flash 文档，并发布一个脱离编辑环境的 Flash 格式的动画。

（3）创建一个 Flash 文档，将其分别发布为 Flash、HTML、GIF 动画文件，调整发布参数，查看参数对动画文件的影响，体会三种格式之间的联系与区别。

参考文献

［1］姜军，张光帅．网络动画设计．北京：清华大学出版社，2007．

［2］胡一梅．Flash8 设计师完全手册．北京：清华大学出版社，2007．

［3］於水．二维动画制作基础．北京：海洋出版社，2008．

［4］许凌云，李防．FlashCS3 网页动画设计开发全方位学．北京：清华大学出版社，2008．

［5］杨格，曾双明，王洁，王占宁．Flash 经典完美表现 200 例［M］．北京：清华大学出版社，2008．

［6］拾荒．Flash 动画制作与创意——小破孩动画实例分析［M］．北京：电子工业出版社，2007．

［7］汤楠．ADOBE AUDITION 标准培训教材．北京：人民邮电出版社，2007．

［8］陈鲲．精通 Adobe Audition 2.0 音频处理．北京：人民邮电出版社，2008．

［9］李四达．新媒体动画概论．北京：清华大学出版社，2013．

［10］吴冠英，王筱竹．动画概论．北京：清华大学出版社，2009．

［11］Adobe 公司．Adobe Flash CS6 中文版经典教程．北京：人民邮电出版社，2014．

［12］王进修．新手学 Flash CC 动画制作．北京：电子工业出版社，2015．

［13］罗雅文．Flash CC 高手成长之路．北京：清华大学出版社，2014．

［14］智云科技．Flash CC 动画设计与制作．北京：清华大学出版社，2015．

［15］Adobe 公司．Adobe Flash CS5 ActionScript 3.0 中文版经典教程．北京：人民邮电出版社，2010．

［16］章精设，胡登涛．Flash ActionScript 3.0 从入门到精通．北京：清华大学出版社，2008．

［17］刘欢．Flash ActionScript 3.0 交互设计 200 例．北京：人民邮电出版社，2015．

［18］龙晓苑．Flash AS 3.0 动画编程（基础与提高）．北京：北京交通大学出版社，2010．

［19］宋岩峰，赵明．突破平面 Flash CC 设计与制作深度剖析．北京：清华大学出版社，2015．

［20］金景文化．中文版 Flash CC 完全自学教程．北京：人民邮电出版社，2014．

［21］Adobe 公司．Adobe Flash Professional CC 经典教程．北京：人民邮电出版社，2014．

［22］罗雅文．Flash CC 高手成长之路．北京：清华大学出版社，2014．

[23] 智云科技. Flash CC 动画设计与制作. 北京：清华大学出版社，2015.

[24] 王可. 数字动画艺术与设计. 湖南：湖南美术出版社，2010.

[25] 汤姆·班克罗夫特（编），王俐，何锐（译）. 动画角色设计：造型·表情·姿势·动作·表演. 北京：清华大学出版社，2014.

[26] 邓文达，谢丰，郑云鹏. Flash CS6 动画设计与特效制作 220 例. 北京：清华大学出版社，2014.

[27] 塞尔西·卡马拉（编），赵德明（译）. 动画设计基础教学. 广西：广西美术出版社，2009.

[28] 陈伟. 二维动画创作. 北京：清华大学出版社，2014.

[29] 王京跃. 动画角色设计. 北京：北京师范大学出版社，2014.

[30] 韩斌生. 动画艺术概论. 北京：海洋出版社，2013.

[31] 王玉强. 动画合成基础. 北京：中国建筑工业出版社，2013.

[32] 李铁，张海力. 动画场景设计. 北京：清华大学出版社，2006.

[33] 胡国钰. Flash 经典课堂：动画、游戏与多媒体制作案例教程. 北京：清华大学出版社，2013.

[34] 陈果，红方. 动画场景设计的思维与技法. 北京：中国传媒大学出版社，2011.

[35] 孟克难，黄超，刘宏芹. 高等学校应用型特色规划教材：中文版 Flash CS6 网页动画设计教程. 北京：清华大学出版社，2013.

[36] 胡仁喜，李娟，傅晓文. Flash CS6 中文版标准实例教程（附光盘）/动态网站与网页设计教学与实践丛书. 北京：机械工业出版社，2013.

[37] 王爱红，石琳. Flash 网页设计教程. 北京：人民邮电出版社，2011.

[38] Adobe 公司（编），袁鹏飞（译）. Adobe Audition CS6 中文版经典教程. 北京：人民邮电出版社，2014.

[39] 未来出版（编），叶小芳（译）. Web 网页设计创意课. 北京：电子工业出版社，2012.

[40] 张振球. 网页动画设计. 江苏：江苏教育出版社，2013.

[41] 吴志华，岳军虎. 中文版 Flash CS6 动画设计与制作 208 例. 北京：人民邮电出版社，2014.

[42] Robin Beauchamp（编），徐晶晶（译）. 动画声音设计. 北京：人民邮电出版社，2011.

[43] 李东博. Dreamweaver ＋ Flash ＋ Photoshop 网页设计从入门到精通. 北京：清华大学出版社，2013.

[44] 胡杰. 多媒体艺术与设计. 北京：北京航空航天大学出版社，2009.

[45] 新视角文化行. Flash CS6 动画制作实战从入门到精通. 北京：人民邮电出版社，2013.

[46] 殷俊，袁超. 动画场景设计. 上海：上海人民美术出版社，2011.

[47] 王德永，樊继. Flash 动画设计与制作实例教程. 北京：人民邮电出版社，2011.

[48] 肖永亮. 数字音频编辑 Adobe Audition CS6 实例教程. 北京：电子工业出版社，2013.

[49] 陈双双. 网页设计殿堂之路：Flash 绘图与网页动画制作全程揭秘. 北京：清华大学出版社，2014.

[50] 李晓晔. 新媒体时代. 北京：中国发展出版社，2014.

[51] 丁士锋. 网页制作与网站建设实战大全. 北京：清华大学出版社，2013.